ISBN 978-0-282-37216-3
PIBN 10546027

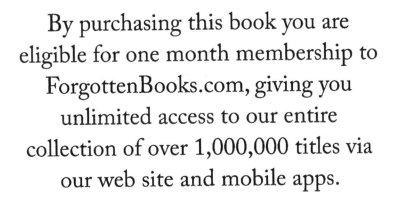

English
Français
Deutsche
Italiano
Español
Português

www.forgottenbooks.com

Mythology Photography **Fiction**
Fishing Christianity **Art** Cooking
Essays Buddhism Freemasonry
Medicine **Biology** Music **Ancient**
Egypt Evolution Carpentry Physics
Dance Geology **Mathematics** Fitness
Shakespeare **Folklore** Yoga Marketing
Confidence Immortality Biographies
Poetry **Psychology** Witchcraft
Electronics Chemistry History **Law**
Accounting **Philosophy** Anthropology
Alchemy Drama Quantum Mechanics
Atheism Sexual Health **Ancient History**
Entrepreneurship Languages Sport
Paleontology Needlework Islam
Metaphysics Investment Archaeology
Parenting Statistics Criminology
Motivational

Mikroskopisch-anatomische Darstellung

der

Centralorgane des Nervensystems

bei den

Batrachiern

mit besonderer Berücksicbtigung von Rana esculenta.

Von

Dr. Alphons Blattmann.

Mit einer lithographischen Tafel.

Zürich,
bei Friedrich Schulthess.
1850.

Mikroskopisch–anatomische Darstellung

der

Centralorgane des Nervensystems

bei den

Batrachiern

mit besonderer Berücksichtigung von Rana esculenta.

————————

Von

Dr. Alphons Blattmann.

Zürich,

bei Friedrich Schulthess.

1850.

*Εἰ μὲν οὖν τι ἄλλο σκοπεῖσθον, οὐδὲν
λέγω· εἰ δέ τι περὶ τούτων ἀπορεῖτον, μηδὲν
ἀποκνήσητε καὶ αὐτοὶ εἰπεῖν καὶ διεξελθεῖν,
εἴ πη ὑμῖν φαίνεται βέλτιον λεχθῆναι, καὶ
αὖ καὶ ἐμὲ ξυμπαραλαβεῖν, εἴ τι μᾶλλον,
οἴεσθε μετ᾽ ἐμοῦ εὐπορήσειν.*

Platonis Phaido.

Obgleich die Physiologie in neuerer Zeit mit raschen Schritten vorwärts geeilt ist, und eine Menge von den dunkelsten Stellen ihres Gebietes aufgeklärt hat, welche bis dahin alle Anstrengungen der Forscher vereitelt hatten, so bleibt doch noch manches Feld einer weitern Beobachtung vorbehalten, welches bis jetzt nur wenig Ausbeute gewährte. Unter diesen ist eines der bedeutendsten die Lehre von den Centraltheilen des Nervensystems. Angezogen theils durch das Dunkel, welches diesen Gegenstand umhüllt, theils durch das hohe Interesse, welches er seiner Wichtigkeit wegen darbietet, haben sich die Physiologen mit besonderer Vorliebe ihm zugewendet. Der Erfolg ist nur theilweise be-

1

friedigend gewesen. Zwar hat man sich eine Menge
von zerstreuten Thatsachen zu eigen gemacht, welche
hie und da verschiedene Stellen dieses Labyrinthes
erhellen, aber gleichwohl zu keiner vollständigen
Kenntniss geführt haben, und es bleibt noch Vieles
zu thun übrig, bis man eine zusammenhängende,
systematisch gerundete Lehre der Nervencentren
besitzen wird. Die Ursache dieser spärlichen Erfolge
liegt aber meiner Ansicht nach nicht allein in der
Schwierigkeit des Gegenstandes selbst, sondern auch
in der nicht ganz passenden Art, wie man dieselbe
zu überwinden trachtete, in den bisher befolgten
Untersuchungsweisen nämlich, welche, wie mir
scheint, nicht nur ohne Methode, sondern selbst auf
eine Art angestellt wurden, welche nothwendig zu
Irrthümern führen musste. Die rationellste Methode
hätte wohl darin bestanden, zuerst unsere mikroskopisch – anatomischen Kenntnisse dieses Gegenstandes zu erweitern, bis ins kleinste Detail zu
verfolgen, und zu einem vollständigen Lehrgebäude
zu entwickeln. Besonders genau wären die verschiedenen Richtungen der Faserbündel zu verfolgen,
und ihre Züge durch das Rückenmark und Gehirn
graphisch darzustellen. Keine kleine Aufgabe allerdings! Aber ohne diese nothwendige Grundlage ar-
beitet man fortwährend im Dunkeln und erfreut sich
bei den grössten Anstrengungen keines rechten
Erfolges. Man begnügt sich Vivisektionen anzu-

stellen, welche neben manchem Wahren eben so
viel Irrthümer zu Tage fördern; man verliert unend-
lich viele Zeit mit pathologischen Beobachtungen und
sucht daraus die Normalzustände abzuleiten, welche
sich vom Krankhaften so schwer isoliren lassen.
Allerdings kann man den grossen Anstrengungen,
welche auf diesem Wege mit unendlichem Fleisse
und Scharfsinn gemacht wurden, seine Bewunde-
rung nicht versagen, um so weniger, als Männer
wie L o n g e t u. A. die Schwächen dieser Unter-
suchungsarten wohl längst eingesehen haben; und
wenn sie dennoch muthig ihr schwieriges Unter-
nehmen fortsetzen, so thun sie es wohl nur desswegen, weil sie nicht zu hoffen wagen, eine bessere
Methode an die Stelle der fehlerhaften setzen zu
können. Niemand verkannte je die Wichtigkeit einer
anatomischen Grundlage für solche Forschungen,
allein man fürchtete dabei auf unüberwindliche
Schwierigkeiten zu stossen. In der That schlugen
auch Versuche, welche auf dieser Bahn gemacht
wurden, häufig fehl und trugen dazu bei, von ihrer
Erneuerung abzuschrecken. Dennoch erhielt sich
aber das lebhafteste Bedürfniss danach, und ver-
anlasste u. A. Rud. W a g n e r * zu folgenden Worten: „Wir besitzen keine wissenschaftliche Anato-

* R. Wagner, Lehrbuch der speciellen Physiologie pag. 465
und 466.

mie des Gehirns.·... Es sind, um dazu zu gelangen, die Primitivfasern zu verfolgen und deren Ausstrahlungen aus den Nerven und aus dem Rückenmark und deren Verlauf im Gehirn so weit als möglich zu untersuchen, ihr Verhalten zu den Anhäufungen der grauen Substanz und ihre Combinationen unter einander, so wie mit den verschiedenen Abtheilungen und Sonderungen der Hirntheile. Auf der reellen Lösung dieser Aufgabe — bemerkt W. ferner — beruht die Zukunft einer Anatomie und Physiologie des Gehirns. Es würde eine der grössten Leistungen in der Anatomie und Physiologie sein, wenn wir auch nur von einem einzigen Thiere eine solche graphische Darstellung der Rückenmarks- und Hirnfaserung, z. B. eine Auflösung des Gehirns vom Frosch in seine Primitivfasern besässen. Dazu ist freilich noch gar keine Aussicht, und die Lösung dieser Aufgabe dürfte an bis jetzt unüberwindlichen Schwierigkeiten scheitern." Auch W. scheint erst von der Zukunft eine Bereicherung an mechanischen Hülfsmitteln erwarten zu wollen, um diese Versuche mit mehr Hoffnung auf Erfolg erneuern zu können. Neuerdings hat nun aber Herr Professor E n g e l * gezeigt, wie weit man auch mit unsern gewohnten Hülfsmitteln gelangen könne,

* S. Zeitschrift der k. k. Gesellschaft der Aerzte zu Wien. Achtes Heft. November 1847.

wenn man sie richtig anwendet. Möchten die wahrhaft schönen und fruchtbaren Resultate, welche
dieser Forscher erhalten hat, ausser mir noch viele
Andere dazu anregen, ihm als unserm Vorgänger
auf der glücklich betretenen Bahn zu folgen. Die
vielen missglückten Versuche dagegen mögen uns
dazu dienen, ähnliche Klippen, wie die, an welchen
sie gescheitert sind, zu vermeiden. Die früheren
Beobachter hatten ihre Untersuchungen gewöhnlich
an grössern Thieren, oder am Menschen angestellt,
was vielfache Nachtheile bot. Erstens hatte das sol-
chergestalt erlangte Material selten die durchaus
nöthige Frische; die menschliche Nervensubstanz
namentlich gelangt immer schon qualitativ verändert,
selbst zersetzt auf den Objecttisch, und gibt dadurch
zu vielfachen Täuschungen Anlass. Es ist eine ganz
falsche Hoffnung, wenn man glaubt, diesen Uebel-
stand durch Erhärtung der Nervensubstanz und andere Zurüstungen derselben umgehen zu können.
Wozu diess führt, sehen wir an einigen Arbeiten
des letzten Jahrzehend, welche das Schicksal ge-
habt haben, als warnende Exempel für alle solche
erkünstelten Versuche dastehen zu müssen. Zweitens
war auf diese Art eine erleichternde Uebersicht über
den Gegenstand, somit eine systematische Behandlung desselben, nicht möglich, und man verlor sich
nothwendig in der Masse des Details. Herr Professor
Engel begann seine Untersuchungen an Froschlarven;

er hatte somit immer ganz frische Nervensubstanz zur Verfügung, welche zugleich eine übersichtliche und vollständige Untersuchung ermöglichte, und wegen ihrer grössern Einfachheit und ihres elementaren Typus geringere Schwierigkeiten darbot, ohne dass desswegen das Resultat werthlos gemacht wurde. Denn die naturgeschichtliche Kenntniss niederer Thiere beschränkt überhaupt ihren Werth nicht auf letztere allein, sondern ihre Bedeutung erstreckt sich auf alle an Ausbildung sie überragenden Thierclassen. Man beobachtet gewisse, Grundtypen des Baues, welche sich als Fundamentalbildungen durch die ganze Thierwelt hinaufziehen. Veränderungen treten freilich in reichem Masse ein, je mehr man von niedern zu höhern Thieren fortschreitet, aber nicht als total fremde Neubildungen, sondern nur als Modificationen und weitere Fortentwicklungen des schon bei den untergeordneten Thierclassen Bestehenden. Darin liegt ein Hauptargument, welches für die Zweckmässigkeit einer aufsteigenden Untersuchungsmethode, von niedern fort zu höhern Geschöpfen, spricht, und den Untersuchungen des Herrn Professor Engel ihren hohen Werth sichert. Um also tiefer dringende Blicke in das Gebäude des Nervenlebens zu thun, ist es zweckmässig, mit der Betrachtung der primitiven, einfachen, und eben dadurch principiellen Bildungen zu beginnen, und diese consequent in ihren Fortentwicklungen vom einfachern zum complicirtern zu verfolgen, immer das bereits Gewonnene zum Ausgangspunct und Wegweiser für das Folgende benutzend. Beginnt man dagegen gleich mit der Betrachtung des zu seiner höchsten Ausbildung gelangten Baues, so wird man bei Anschauung der zahllosen Nebenbildungen, welche den Blick von der Hauptsache ablenken, und bei Ermanglung jedes leitenden Princips, wohl zu partiellen Kenntnissen, nie aber, oder nur höchst schwer zu einer das Ganze umfassenden, wahrhaft wissenschaftlichen Ansicht des Gegenstandes gelangen.

Vorliegende Arbeit ist ein kleiner Versuch in der so eben geschilderten Richtung. Während meiner Untersuchungen überzeugte ich mich immer mehr, wie leicht sich meine Resultate weiter verfolgen liessen, und bei Vornahme von Fischen, Vögeln und selbst von kleinen Säugethieren zum Führer dienen könnten. — Uebrigens fühle ich selbst, wie sehr meine Arbeit einer weitern Vervollkommnung bedarf. Man wird es mir in Berücksichtigung der Schwierigkeit des Gegenstandes verzeihen, wenn ich darin manche Frage bloss facultativ gestellt habe. Sollten meine Ansichten auch hie und da zu Berichtigungen Anlass geben, so würde mich diess nur freuen, denn ein berichtigter Irrthum ist eine gewonnene Wahrheit, da wo es sich um positive Ergebnisse handelt.

Vorbereitende anatomische Bemerkungen zur Orientirung.

Einige Andeutungen in dieser Beziehung scheinen mir zum bessern Verständniss des später Folgenden unumgänglich nöthig zu sein. Ich werde dabei nur die vom Gewöhnlichen abweichenden Verhältnisse und die besondern Eigenthümlichkeiten, welche der Erwähnung werth sind, berücksichtigen.

Das Nervensystem der Reptilien zeigt kein gehöriges Verhältniss in der relativen Ausbildung seiner einzelnen Theile, sondern die einen stehen darin mehr, andere weniger zurück, und zwar sind diejenigen am wenigsten ausgebildet, welche den höchsten Functionen vorstehen, die niedrigern dagegen mehr. Dasselbe Missverhältniss finden wir bei den Fischen in noch höherm Grade. Bei ihnen steht namentlich das Gehirn dem Rückenmarke an Masse noch weit mehr, als bei den Fröschen und den Reptilien, nach. Das Rückenmark ist bei den

Reptilien mit lang gestrecktem Körperbau lang und dünn, bei den ungeschwänzten Batrachiern dagegen kurz und dick. Letzteres liegt locker in seinem geräumigen Canale, umhüllt von seinen Häuten. Die Pia mater ist mit braunen Pigmentflecken besäet, welche bei der Untersuchung sehr hinderlich sind, denn befreit man das Rückenmark von der Haut, so reisst man gewöhnlich die Nervenwurzeln zugleich mit heraus. Die Eintheilung in Stränge besteht zwar, ist aber nicht sehr ausgesprochen. Die Trennungsfurchen sind nur angedeutet, hier und da selbst ganz verwischt. Man unterscheidet einen vordern, deutlichen, und einen hintern (obern) viel undeutlichern Sulcus longitudinalis. Seitenfurchen bestehen gar nicht, aber an ihrer Statt bemerkt man Linien von etwas abweichender Färbung. Die Eintheilung in drei Strangpaare ist daher zum Theil imaginär, indessen scheint es mir zweckmässig, dieselbe im beschreibenden Theil der grössern Deutlichkeit wegen beizubehalten. Man bemerkt zwei Anschwellungen, eine im Hals- und eine im Lendentheil, also an den Stellen, welche dem Austrittsort der starken Nerven für die Extremitäten entsprechen. Die graue Substanz lässt sich überall erkennen, und die gewöhnliche Form mit Mittelstück und zwei Hörnerpaaren kommt auch ihr zu. Sie steht in genauem Massenverhältniss zu der weissen Substanz, und bildet wie diese in der Hals-

und Lendenanschwellung entsprechende Ausbrei-
tungen. Sie formirt einen hohlen Einschluss um den
Rückenmarkscanal, welcher letztere im Halstheile
sich der hintern Längsfurche nähert, und endlich
in den Sinus rhomboidalis ausmündet. Hinter der
Lendenanschwellung verschmächtigt sich das Rückenmark zu einem dünnen Streifen, dem Schwanztheil,
welcher viel früher endet als die Häute, die sich
als blindsackförmiger Fortsatz bis an das Ende
des langen Steissbeincanales erstrecken. Ueber den
äusserlich sichtbaren Austritt der Nervenwurzeln ist
nichts Abweichendes zu bemerken.

Das Gehirn des Frosches ist höchst unvollkommen.
Das Kleinhirn stellt einen einfachen Balken dar,
welcher oben quer über der Rhombengrube aus-
gespannt ist und die zwei hintern Stränge mit einander verbindet. Wo es an letztere stösst, ist es
am dünnsten und nimmt gegen seinen Mittelpunkt
hin bedeutend an Masse zu. Da es hier keinen
Zuwachs von Aussen mehr erhält, so rührt diese
Zunahme offenbar von selbständiger Entwickelung
her. Durch eine Querfurche vom Kleinhirn getrennt,
zeigen sich vor diesem, welches eine grauliche
Farbe besitzt, zwei rundliche Körper von bedeutender Grösse, die paarige Vierhügelmasse, Lobi
optici der Autoren. Sie sind durch eine Längsfurche von einander getrennt; im Verhältniss zu
den Hemisphären haben sie einen enormen Umfang,

sind übrigens im Innern hohl und bilden eine Decke über den unter ihnen durch zur Rhombengrube ziehenden Aquæductus Sylvii. An ihrer untern Fläche befindet sich die Zirbeldrüse, beiderseits in schmale Verlängerungen auslaufend, welche sich an die Commissur der Hemispharen und an zwei vor der Vierhügelmasse befindliche Organe heften. Letzteres sind nämlich die Sehhügel, Thalami optici, zwei kleine, längliche Erhabenheiten, in Gestalt und Richtung mehr den Grosshirnschenkeln in verkleinertem Massstabe ähnelnd. Nach vorn stossen sie an die Hemisphären, oder das eigentliche Grosshirn. Dessen Hälften sind durch eine durchgehende Furche aus einander gehalten. Sie besitzen eine hintere und eine vordere Commissur, zuweilen bemerkt man selbst zwischen diesen beiden inne noch einen kleinen Balken aus grauer, sehr leicht zerreissender Substanz, welcher quer von einer Halbkugel zur andern gespannt ist. Dieser Name, Halbkugeln, passt keineswegs auf ihre Form, welche länglich gestreckt, und von oben nach unten abgeflacht ist. Ihre Oberfläche ist glatt, grau, und bildet keine Gyri. Im Innern enthalten sie die Seitenventrikel, welche vollständig von ihnen umschlossen werden und sich öfter nach vorn in die Höhlen der Riechkörper fortsetzen. Die äussere Wand bildet jederseits einen Vorsprung, das Corpus striatum. Zwischen den schon erwähnten Sehhügeln befindet sich der dritte Ven‒

trikel, welcher sich nach unten in den Trichter fortsetzt. Vor dem Infundibulum ist das Chiasma nervorum opticorum, dessen zwei Wurzeln man, trotz ihrer Feinheit, mit blossem Auge sich an den Seh- und Vierhügeln als opak-weisse Streifen hinauf- winden sieht. Hinter ihm bemerkt man zuweilen eine schwache Erhabenheit, welche dem Tuber cinereum entspricht. Im vordersten Theile der He- misphären sieht man zwei kolbige Anschwellungen, die Riechhügel, welche mit einander durch eine dünne Brücke, die vordere Commissur des Gross- hirns, in Verbindung stehen. Sie enthalten im In- nern eine Höhle, welche oft mit den Seitenventri- keln communicirt. Nach vorn verlängern sie sich zu zwei sich mehr und mehr verschmächtigenden Ausläufern, welche die Riechstreifen darstellen. Auf der Arachnoidea des Gehirns und Rücken- marks befindet sich eine Masse von weissen Kry- stallen.

Die übrigen Hirnnerven sind schwach und reissen meistens bei der Präparation ab.

Specieller Theil.

Graphische Darstellung der elementaren Structurverhältnisse.

I. Das Rückenmark. *

Wir beginnen mit den Fasern, welche im Rückenmarke die Zellen an Masse weit, und wohl auch an Bedeutung überwiegen.

Bei der ersten Betrachtung mit dem Mikroskop scheint es fast, als ob der Verlauf dieser Rückenmarksfasern nur in einer Richtung stattfinde, und zwar in der Längsrichtung. Bei genauerer Untersuchung lernt man aber noch eine mehr transverselle Richtung kennen. Die der letztern angehörenden Fasern sind jedoch viel weniger zahlreich und werden von der überwiegenden Masse der erstern Art verhüllt. In der That besteht die Hauptmasse des Rückenmarkes aus longitudinal verlaufenden Fasern, welche dasselbe in seiner ganzen Länge durchziehen. Sie bleiben sich nicht vollkommen parallel, sondern verlaufen in wellenförmigen Biegungen, wobei sie sich häufig unter sehr spitzem Winkel kreuzen; daher halt es auch sehr schwer, eine einzelne Faser längere Zeit in ihren zahllosen

* Wir finden bei den Reptilien dieselben Elementartheile des Nervensystems, welche bei den Wirbelthieren überhaupt vielfach beschrieben worden sind, nämlich Fasern und Zellen.

Krümmungen zu verfolgen, und schwerlich dürfte
jemals das Kunststück gelingen, diese Fasern in
ihrem ganzen Verlaufe vom Beginn bis zum Ende zu
beobachten. Dennoch schliesse ich auf einen ununterbrochenen Verlauf derselben im Innern des
Rückenmarks, aus dem Umstande, dass man daselbst
keiner freien Enden derselben gewahr wird, sofern
man sorgfältig zu Werke geht. Ebenso findet man
weder Spaltungen noch Anastomosen zwischen einzelnen Fasern, sondern eine jede durchzieht das
Rückenmark selbstständig und ungetheilt. Andere
Verhältnisse als die obigen bietet nur der unbe-
trächtliche Schwanztheil des Rückenmarks, oder des
Conus terminalis dar, worauf ich noch aufmerksam
machen werde.

Der Durchmesser dieser Fasern ist sehr verschieden. Der leichtern Uebersicht wegen hat man
in neuerer Zeit vorgeschlagen, die Nervenprimitiv-
fasern im Allgemeinen in zwei Hauptrubriken zu
sondern, nämlich in dicke oder starke, und in dünne
oder feine. Diese Eintheilung ist von Vortheil und
lässt sich auch auf die eigentlichen Rückenmarksfasern anwenden, da man durchgehends findet, dass
auch sie sich in ihrer Mehrzahl zwei äussersten
Grössen nähern. Uebergänge zwischen beiden finden
sich allerdings, aber nicht in hinlänglicher Anzahl,
um den Contrast zwischen den zwei Extremen zu
verwischen.

Der Durchmesser der starken Fasern beträgt im Mittel 0,004‴; der der feinen dagegen nur 0,002‴. Beide Arten finden ihre Verbreitung im gesammten Nervensystem; jedoch findet man an den einzelnen Stellen desselben abwechselnd bald die eine, bald die andere Art an Zahl vorherrschend. Im Allgemeinen finden sich in den Centraltheilen mehr feine und in den peripherischen Ausstrahlungen mehr grobe Fasern. Von diesen Regeln finden zahlreiche Ausnahmen und durch die verschiedenen Lokalitäten bedingte Abweichungen statt, welche wir an den betreffenden Orten kennen lernen werden.

Die Longitudinalfasern des Rückenmarkes zeichnen sich aus durch die Zartheit ihrer Hüllen; in Folge dessen werden sie sehr leicht äussern Eingriffen unterliegen, und sie gehen auch vorzugsweise jene Alterationen ein, welche man so oft für Normalzustände gehalten hat, nämlich eine ungleiche Vertheilung des Markinhaltes, seine Ansammlung zu einzelnen detachirten Kugeln, welche die Wandungen blasig hervortreiben, kurz das Varicöswerden. Wenn man das Präparat einer Compression unterwirft, so bersten immer eine Menge dieser Fasern, ihr Inhalt tritt heraus und sammelt sich als eine körnige Masse an, welche die Interstitien zwischen den Fasern ausfüllt. Man kann deutlich wahrnehmen, wie diese Körnermasse aus den Enden der Fasern hervortritt und sich unter dem Drucke des comprimirenden Fingers mehr und mehr anhäuft.

Die feinen Fasern sind zahlreicher als die starken; letztere gehören mehr den motorischen Gebieten des Rückenmarks an, denn man sieht sie noch zahlreich in den vordern Strängen, spärlicher in den Seitensträngen; im hintern Strang verschwinden sie zum Theil neben den feinen Fasern.

Sehr interessant ist die Endigungsweise der Fasern, sowohl in peripherischer als in centraler Richtung.

Dass keine Endigung im Innern des Rückenmarkes selbst stattfindet, ist schon gesagt worden. Es frägt sich nun noch, ob die Fasern an den Grenzen des Rückenmarkes zugleich mit diesem enden, oder ob sie es verlassen, um direkt in die Zusammensetzung anderer Gebilde einzugehen. Man hat hiebei zweierlei zu untersuchen, nämlich das Verhalten der Fasern zu den Nervenwurzeln, und ihr Verhalten an den beiden Endpunkten des Rückenmarks. Die erstere Frage wird in einem eigenen Abschnitte untersucht werden, und wir beschäftigen uns für jetzt nur mit dem Verhalten der Fasern an der Berührungsstelle des Rückenmarkes mit dem Gehirn, und im Conus terminalis.

Nachdem die longitudinalen Fasern das Rückenmark vom Gehirn an in seiner ganzen Länge durchzogen haben, so erleiden sie hinter der Lendenanschwellung höchst eigenthümliche Veränderungen. Sie unterbrechen ihren Verlauf nicht plötzlich, wie an andern Stellen, sondern verkümmern nur höchst allmälig und verschwinden so successive, dass sie dem Blicke sich unmerklich entziehen. Je mehr ihr Durchmesser abnimmt, desto heller, durchsichtiger werden sie, die Contouren werden äusserst fein, obwohl sie sehr egal bleiben; endlich hört eine Faser nach der andern mit sehr spitzen Ausläufern auf, die peripherischen zuerst, die im Centrum verlaufenden am spätesten. Es ist höchst schwer zu entscheiden, ob dieses als Regel für sämmtliche longitudinalen Fasern anzusehen ist, oder ob vielleicht einzelne derselben sich wieder umbiegen. Ich habe aber keine einzelne Umbiegungsschlinge mit der Bestimmtheit sehen können, welche zu dieser Annahme berechtigen könnte, und sie ist überdiess schon aus theoretischen Gründen sehr unwahrscheinlich. Mehr Interesse scheint mir hingegen die Frage zu besitzen, in welcher Beziehung die Fasern zu der grauen Substanz und zu den daselbst befindlichen Ganglienkugeln sowohl, als auch zu den freien Kernen stehen mögen. Die Leichtigkeit, welche gerade der Schwanztheil des Rückenmarkes, wegen seiner geringen Dicke, für diese Untersuchungen darbietet, dürfte mit Recht die Auf-

merksamkeit der Forscher fesseln und die Erlan-
gung neuer Resultate fördern.

Es ist nicht unwahrscheinlich, dass ein Theil
der Fasern, welche im Conus terminalis enden,
direct in Ganglienzellen übergeht. Das Vorkommen
von solchen Verbindungen zwischen Fasern und
Ganglienzellen ist beim Frosch vielfältig nachgewiesen worden, wenn auch nicht ausdrücklich mit
Beziehung auf die Stelle des Rückenmarks, von
der es sich hier handelt. Ich selbst habe bei meiner
Untersuchung keine besondere Aufmerksamkeit auf
diese Erscheinungen verwandt, weil sie doch im
Ganzen nicht so häufig vorkommen. Schon die
wahren Ganglienkugeln sind beim Frosch ziemlich
selten, sie werden grossentheils durch freie Kerne
vertreten, noch seltener mögen ihre Verbindungen
mit den Fasern sein. Dieselben ergeben sich demnach mehr als eine blosse Raritätsfrage.

Vom allgemeinen Standpunkte aus wird obige
Erscheinung neuerdings trefflich beleuchtet von ihrem
ersten Entdecker A. Kölliker. * Es wird darin
nachgewiesen, dass sowohl Ganglien mit einem als
solche mit zwei Fortsätzen, welche als Nervenfäden anzusehen sind, existiren. Das Vorkommen
der erstern liefert den Beweis, dass die Ganglien-

---

* In der »Zeitschrift für wissenschaftliche Zoologie von Siebold
und Kölliker«. I. Band, zweites und drittes Heft. Leipzig 1849.

kugeln als Centralorgane Primitivfasern nach der
Peripherie aussenden. Einfache Faserursprünge sind
Regel bei den höhern Wirbelthieren; doppelte sind
hier eine Ausnahme; bei den wirbellosen Thieren
sind letztere gar nur eine Seltenheit. Diese Verhältnisse nimmt man nicht nur in den Ganglien
wahr, sondern auch im Gehirn und Rückenmarke.
Die Fortsätze der Ganglienkugeln sind theils wirk-
liche dunkelrandige Nervenfasern, welche peripherisch verlaufen, theils solche kürzern Verlaufs,
welche frei enden, und nach Kölliker dazu dienen
sollen, entferntere Gegenden des centralen Nervensystems selbst mit einander in Wechselwirkung zu
setzen.

Auffallend ist, dass die Enden der longitudinalen
Fasern im Schwanztheile des Rückenmarks bei
zunehmender Feinheit zugleich resistenter gegen
äussere Einflüsse zu werden scheinen, so dass die
Varicesbildung sich selten auf sie erstreckt. Die
Abnahme des Gehaltes an Marksubstanz mag zur
Folge haben, dass letztere sich weniger leicht
zu Blasen formirt; die Endspitzen bestehen viel-
leicht eine gewisse Strecke weit gar nur aus dem
Neurilem.

Betrachten wir nun den obern Theil des Rückenmarkes, so stossen wir auf Verhältnisse, welche
von den am untern Ende gefundenen ganz abweichen. Hier sieht man auf den ersten Blick, dass

2 *

die Mehrzahl der Längsfasern n i c h t im Rückenmarke endet, und es frägt sich, ob sie es wenigstens theilweise thun. Ich glaubte allerdings mit-
unter eine Faser an dieser Stelle enden zu sehen,
allein Täuschungen sind hier sehr leicht möglich,
und wenn es schon im Schwanztheile des Rückenmarkes schwer fiel, eine bestimmte Meinung zu
äussern, so gränzt es hier beinahe an Unmöglich-
keit. — Das Nähere über die Faserzüge, welche
ihren Lauf noch weiter fortsetzen, und ihre Beziehung zu den einzelnen Theilen des Gehirns wird
bei der graphischen Beschreibung des letztern seine
Stelle finden.

Ausser den longitudinalen Fasern finden wir im
Rückenmark noch ein anderes System von Fasern,
welches in transverseller Richtung verläuft. Bei
Längsschnitten des Rückenmarkes sieht man überall
eine Menge querlaufender Fasern, welche senk-
recht zu den Längsfasern stehen, und zwar weniger
zahlreich als sie, aber dennoch in den vordern
Strängen in genügender Zahl vorkommen, um die
Aufmerksamkeit zu fesseln. Wenn man nun in der
Hoffnung, einen bessern Ueberblick dieser Querfasern zu erhalten, ein Querscheibchen aus dem
Rückenmark unter das Mikroskop bringt, so wun-
dert man sich, dass es Mühe kostet, sie wieder zu
finden. Von einer gleichmässig vertheilten Anzahl
von Fasern, welche in querer Richtung von links

nach rechts, von einer Seite zur andern zögen, ist keine Rede. Erst nach wiederholten Versuchen konnte ich etwas entdecken, was den vermeintlichen Querfasern entsprach. Man sieht nämlich aus jedem der vordern Stränge ein feines Faserbündel auftauchen, welches einwärts und nach hinten zieht, hinter der vordern Längsfurche sich mit dem von der andern Seite herkommenden Bündel kreuzt und in der Nähe des entgegengesetzten hintern Rückenmarksstranges verschwindet. Der Ausgangspunkt jedes Bündels entspricht also je einem der vordern Rückenmarksstränge, und ihr Endpunkt der imaginären hintern Seitenfurche auf der entgegengesetzten Seite. Von der Kreuzungsstelle an verlaufen beide Bündel im Innern der grauen Substanz, nicht durch ihre Mitte, sondern an ihrer Peripherie, den innern Contouren der Seitenstränge sich anschmiegend. Diese eigenthümliche Verlaufsweise, welche ich bei zahlreich wiederholten Nachsuchungen constant wieder fand, muss hohes Interesse erregen, da sie wohl Aufschlüsse über die Nervenleitung von einem Rückenmarksstrang zum andern, und über die gegenseitigen Combinationen ihrer Thätigkeiten geben wird. Früher hätte man wohl auch sogleich an die Reflexactionen gedacht; jetzt weiss man, dass die Lehre von denselben einer Umarbeitung bedarf. In den vordern Strängen mengen die gekreuzten Bündel ihre Fasern mit den longitudinalen Fasern, ohne eine directe Verbindung mit ihnen einzugehen. — Ein Gegenstand weiterer Untersuchungen bleibt die Endigungsweise dieser Fasern in den vordern Strängen. Es frägt sich nämlich, ob sie in derselben Richtung enden, in welcher sie eingetreten sind. Es ist mir am wahrscheinlichsten, dass es sich in der That so verhält. Ich gab mir viele Mühe, die Fasern noch weiter in ihrem Verlaufe zu verfolgen. Es gelang mir nicht, solche zu sehen, die sich umbögen und parallel mit den eigentlichen Longitudinalfasern nach oben oder unten verliefen. Dazu kommt, dass beide Arten von Fasern sich auch in ihrem Baue wesentlich von einander unterscheiden.

Die gekreuzten Fasern zeichnen sich durch ihren geringen Durchmesser aus. Im Mittel beträgt derselbe 0,0012‴. Es gibt solche, welche noch bedeutend dünner sind, aber auch solche, welche bis zu 0,0015‴ messen; letzere sind zahlreicher als die ganz feinen. Sie gehören also sämmtlich zu den feinen Nervenfasern, und gewähren dadurch ein Bild von Regelmässigkeit, wie wir es sonst fast in keinem andern Theile des Nervensystems antreffen. Sie werden ferner nicht leicht varicös, sondern ihre Wandungen behalten auch nach der Behandlung mit Wasser u. dgl. ihre egale Weite fast durchgehends bei. Sie zeigen nur einfache Contouren. Ihre geringe Dicke macht, dass sie sehr hell und durchscheinend sind, und dadurch sehr stark von der dunkeln Farbe der Longitudinalfasern abstechen. Bei letztern mag freilich auch eine stärkere Pigmentirung des Nerveninhaltes mit im Spiele sein, denn sie verändern ihre Farbe nicht so sehr, auch wenn sie durch eine starke Compression breit gedrückt werden.

Es ist zu beachten, dass der Kreuzungspunct beider Faserzüge im Grunde des Sulcus longitudinalis anterior liegt. Nach vorn grenzt er unmittelbar an die Furche, die Fasern liegen daher an dieser Stelle frei zu Tage, wenn man die Wände des Sulcus auseinander zieht. Nach hinten grenzen sie an die graue Substanz, welche von ihnen längs drei Viertheilen ihrer Peripherie umsäumt wird. Die Kreuzungsstelle, sammt den Fasern, welche in die Kreuzung eingehen, ist also nichts Anderes als die „vordere, oder weisse Quercommissur" der Anatomen. Im Rückenmark des Menschen bestehen ganz dieselben morphologischen Verhältnisse, und es dürfte erlaubt sein, auch eine Analogie der denselben zum Grunde liegenden feinern Structur mit dem angeführten mikroskopischen Befunde bei den Reptilien herzustellen (eine Bestätigung derselben durch unmittelbare Untersuchung des menschlichen Rückenmarkes ist bis jetzt kaum möglich), und so die Controversen über die mikroskopische Structur dieser Quercommissur beim Menschen zu schlichten. Schon Cuvier * sagt,

---

* Leçons d'anatomie comparée. Paris, an VIII. T. II. pag. 188.

man erkenne in der weissen Quercommissur Fasern,
welche sich zu kreuzen scheinen. Sömmering *
sprach dieselbe Ansicht aus. Nach Gall ** ziehen
von beiden Seiten her kleine Faserbündel nach
innen, treffen jedoch nicht auf einander, sondern
diejenigen der einen Seite senken sich zwischen
die der andern ein, ähnlich wie die Kronen der
Backenzähne beider Kiefer. Calmeil bemerkt, die
weisse Querverbindung sei nicht wie eine einfache
Brücke zwischen beiden Rückenmarkshalften zu betrachten, sondern sie bestehe aus einer Reihe
weisser Markbündel, welche einen Faseraustausch
vermitteln. Longet dagegen ist geneigt, obige Ansichten für Täuschung zu halten, und mit ihm erklärt
auch Ed. Weber ***, die weisse Querverbindung sei
nichts als eine einfache brückenartige Schicht.

Die hintern (obern) Enden der Kreuzungsbündel
reichen nur bis an die Peripherie der grauen Substanz, ohne sich in die letztere einzusenken; noch
weniger findet hier eine ähnliche Kreuzung wie
vorn statt. Daher erklärt es sich auch, dass beim
Frosch keine hintere weisse Quercommissur existirt, sondern dass man im Grunde der hintern
Längsfurche unmittelbar auf die frei zu Tage liegende graue Substanz stösst. Dasselbe sagen die

---

* De corporis humani fabrica 1798. T. IV. pag. 78.
** Anatomie und Physiologie des Nervensystems.
*** Wagner, Handwörterbuch. T. III. 1. S. 21.

meisten Anatomen vom menschlichen Rückenmarke
aus. Krause * freilich widerspricht dem, und will
auch eine hintere weisse Querverbindung entdeckt
haben, welche die graue Substanz als höchst feine
Lage überziehen soll. Meckel ** will dasselbe gefunden haben. Andere aber verwerfen diese Annahme einer hintern weissen Commissur mit Bestimmtheit, z. B. Eigenbrodt ***.

Die Fasern der Kreuzungsbündel sind in einzelne
kleinere Fascikel zusammen gedrängt, welche zusammen den ganzen Faserzug construiren. Nach oben
gegen das Gehirn wird diese Anordnung immer bestimmter, und das Bündel sondert sich immer mehr
in einzelne detachirte Fascikel. Hier erhält auch
die Zahl dieser Fasern im Allgemeinen einen beträchtlichen Zuwachs. Am untern Ende des Rückenmarks werden sie dagegen viel spärlicher, und im
Schwanztheile treten sie neben den Längsfasern
ganz in den Hintergrund. Erst in der Mitte der Lendenanschwellung werden sie deutlich sichtbar. Aus
dem Umstande, dass diese Fasern in einer gewissen
Beziehung zu dem Abgang von Nervenwurzeln aus
dem Rückenmarke stehen, insofern ihre Reich-
haltigkeit an einzelnen Stellen desselben nicht selten
dem mehr oder weniger starken Abgange von Nerven-

---

* Handbuch der menschlichen Anatomie S. 982.
** Handbuch der menschlichen Anatomie Bd. 3. S. 440.
*** Ueber die Leitungsgesetze im Rückenmarke. Giessen 1849.

wurzeln entspricht, möge man nicht auf einen directen Zusammenhang dieser Theile schliessen. Ed. Weber * bemerkt, im menschlichen Rückenmark bestehe die vordere, weisse Querverbindung aus Fasern, welche quer von einer Seitenhälfte des Rückenmarks zur andern verlaufen. Daselbst treffen sie auf die eintretenden motorischen Nervenwurzeln, mit welchen sie sich zu verbinden s c h e i n e n. Ich halte diess der Analogie nach für unrichtig. Bei den Reptilien wenigstens findet keine solche Verbindung statt. Auch richtet sich die Zahl der Kreuzungsfasern nicht so genau nach der Stärke der austretenden Nervenwurzeln. Im verlängerten Marke ist sie bedeutender als in der Hals- und Lendenanschwellung. Ihre Verbreitung durchs Rückenmark ist eine nach oben gleichmässig zunehmende, sie ist nicht auf die Austrittsstelle von Nervenwurzeln beschränkt.

Im obersten Theile des Rückenmarkes, welcher dem verlängerten Marke höherer Thiere entspricht, werden diese Structurverhältnisse durch neu hinzu kommende Elemente etwas complicirter. Die daselbst vorkommende Formirung in sehr zahlreiche Fascikel ist schon erwähnt worden; dieselben kreuzen sich in ihrem Verlaufe wiederholt, und bilden dadurch wellenförmige Ansæ und hübsch verschlungene Netze.

* Wagners Handwörterbuch, T. III, Muskelbewegung.

Ueberdiess aber tritt daselbst ein neuer Faserzug auf, welcher jedoch weniger dem Rückenmarke als dem Gehirn angehört, und bei Betrachtung des letztern erwähnt werden soll.

Ausser obigen Resultaten ist die Untersuchung von Querschnitten überhaupt die geeigneteste Manier, um über das Meiste, was im Rückenmark interessiren mag, Aufschlüsse zu erhalten. Dazu gehören noch die Gestalt, Ausbreitung und Zusammensetzung der grauen Substanz, ihr Verhältniss zur weissen Rinde, so wie die Beschaffenheit dieser selbst und ihre Anordnung in Stränge.

Die graue Substanz steht im genauesten Massenverhältniss zu der weissen, und zum absoluten Volum des Rückenmarkes. Sie breitet sich am stärksten aus in der Hals- und Lendenanschwellung. In Betreff ihrer Gestalt ist wenig Abweichendes zu bemerken. Man kann auch hier ein Mittelstück mit vier Fortsätzen unterscheiden, doch mit dem Unterschied, dass das Mittelstück die Hauptmasse ausmacht, und die seitlichen Fortsätze sehr unbedeutend, manchmal nur angedeutet sind. Die Form ist also viel plumper als beim Menschen, und nähert sich mehr der eines Cylinders.

Sehr zahlreich finden sich in der grauen Substanz die schon beschriebenen freien Kerne, welche sich von den Kernen der Ganglienkugeln durch ihren dunklen granulirten Inhalt unterscheiden. Man ist

gezwungen, eine strukturlose Masse als Grundlage der grauen Substanz anzunehmen, obwohl
ich gestehe, erstere · nicht gesehen zu haben, wie
es manche Beobachter behaupten wollen. Dagegen
sieht man gekörnte dunkle Massen, Zellgewebe, Ge-
fässe, freie Blutkugeln, sowohl normale Bestandtheile, als Producte fehlerhafter Präparation; es
gelingt in der That sehr selten, Präparate ganz frei
von letztern Zuthaten zu erhalten. Fasern, welche
der grauen Substanz ausschliesslich angehören sollten, habe ich nicht gefunden. Die beschriebenen
Kreuzungsbündel, welche die longitudinalen Fasern
mit einander in Verbindung setzen, gehören offenbar
mehr der weissen Substanz an.

Ich erwähne nur noch nebenbei, dass ich einige
Male eine zweite Art von Querfasern zu erblicken
glaubte, welche in spärlicher Zahl am hintern Saume
der grauen Substanz verliefen und sich beiderseits
an die Seitenstränge anlehnten. Da mir dieses Verhältniss nicht constant vorkam, so wage ich noch
nicht, seine Richtigkeit zu behaupten. Beim Fisch
dagegen, wo ich ebenfalls darnach suchte, sind diese
Querfasern in der Medulla oblongata sehr deutlich
entwickelt.

Werfen wir nun nach dieser Betrachtung der
Rückenmarksstruktur beim ausgebildeten Frosch noch
einen Blick auf den Grad ihrer Entwicklung im Lar-
venzustande, wie wir sie aus E n g e l s umfassenden

Untersuchungen kennen lernen. Herr Prof. E n g e l *
beschreibt seinen Befund in gedrängter Kürze folgendermassen: „Im Schwanztheile des Rückenmarkes kommt n u r e i n e Art von Nervenfasern vor.
Diese sind 0,0004 P. Z. dick, verlaufen dem An-
scheine nach parallel und gerade nach vorwärts, und
hängen ununterbrochen mit den peripherischen Nervenfäden zusammen. Nirgends findet sich an den eintretenden Nerven ein Wurzelganglion. Die peripherischen Nerven — gleichviel, ob sie zu den Muskeln
oder zur Haut gehen — verjüngen sich etwas, sinken
jedoch nicht unter einen Durchmesser von 0,0002
P. Z. Ungeachtet von dem obern und untern Theile
der Schwanzflosse eine beträchtliche Menge von
Nervenbündeln, meist aus sechs und mehreren Fasern bestehend, in das Rückenmark eintreten, so
verstärkt sich doch der Umfang dieses letztern nicht
bedeutend. Diess rührt davon her, dass keine Nervenfaser durch die ganze Länge des Schwanztheiles
vom Rückenmarke verläuft. Immer scheinen diejenigen Nervenbündel, welche weiter nach vorn eintreten, oberflächlicher zu liegen, so dass man zu
dem Glauben veranlasst wird, die Nervenfasern treten
allmälig von der Oberfläche in die Tiefe in dem Verhältnisse, als sie weiter nach vorn verlaufen. Zum
Theile ist dieses wirklich der Fall. Es besteht aller-

---

* Zeitschrift der k. k. Gesellschaft der Aerzte zu Wien. Vierter
Jahrgang, achtes Heft, S. 109.

dings eine Scheidung des Rückenmarkes in zwei
seitliche Hälften, aber noch keine Sonderung in
Stränge. Die Nervenbündel haben daher auch keine
bestimmte Eintrittsstelle, und namentlich ist, wie
bereits oben bemerkt wurde, eine Trennung in vordere und hintere Nervenwurzel nicht vorhanden."

Nach dem Obigen fehlen im Schwanztheile der
Froschlarve die eigenen longitudinalen Rückenmarksfasern, welche im ausgebildeten Frosch im Gegentheil zahlreich vorhanden sind, und der Bedeutung
nach die erste Stelle einnehmen. Es finden sich nur
solche Nervenfasern vor, welche aus den eintretenden Wurzeln herstammen. Von Bedeutung ist, dass
dieselben nach Engel nicht das ganze Rückenmark,
ja nicht einmal den Schwanztheil selbst, durchziehen.

Engel sagt weiter: „Im Körpertheile des Rückenmarkes erscheinen, was die Dicke der Nervenfäden
anbelangt, zwei Arten, feine und dicke Nervenfäden, erstere von einem Durchmesser von 0,00015
P. Z., letztere von einer Dicke von 0,0004". In
Betreff der Richtung des Verlaufes gibt es gleichfalls
zwei Arten, nämlich longitudinal und transversal
verlaufende Fasern. Unter den longitudinalen Nervenfasern bemerkt man leicht sowohl feine als dicke,
die transversalen Fasern sind grösstentheils feine,
mit unbedeutenden Verschiedenheiten im Durchmesser; die breiten Transversalfasern sind, da sie

von den feinen verdeckt werden, weniger leicht zu erkennen.

„Lange bevor noch eine andere Art Faserung im Rückenmarke erkannt werden kann, sind bereits die longitudinalen breiten Fasern vollkommen entwickelt, und ihre Menge nimmt bei einer weitern Ausbildung des Rückenmarkes nur unbedeutend zu. Später erst entwickeln sich die schmalen Longitudinalfasern, am spätesten von allen die transversalen feinen Fasern, und zwar erst zu der Zeit, wenn bereits alle Extremitäten vollkommen ausgebildet sind. Ausser den breiten longitudinalen Fasern enthält das Rückenmark anfangs nur blassbräunliche Zellen (Ganglienzellen) von vollkommen runder Form und glatter Oberfläche mit einem Durchmesser von $0,0004 - 5$ P. Z. und einem deutlichen runden Kerne von $0,0002''$. Mit der Ausbildung der Fasern verringern sich diese Zellen bedeutend, so dass sie in der spätesten Zeit des Larvenzustandes gegen die Menge der Fasern fast verschwinden."

Aus diesem Modus der Entwicklung der Fasern aus Ganglienzellen lässt sich vielleicht das Vorkommen einzelner Verbindungen zwischen Fasern und Ganglienzellen beim ausgebildeten Thier erklären; diess würde aber noch nicht beweisen, dass diese Gebilde blosse Ueberbleibsel einer früheren Formation, oder Hemmungsbildungen, ohne weitern physiologischen Werth seien; bekanntlich messen ihnen die jetzigen Forscher eine hohe Bedeutung bei. Im Uebrigen bemerkt E n g e l ausdrücklich, dass während der Bildung der Fasern die Zellen verschwinden; das Isolirtbleiben der ausgebildeten Faser m i t f r e i e m E n d e wäre somit als Normalzustand, ihre Verbindung mit Zellen als Ausnahme zu betrachten.

In Betreff der von Engel beschriebenen Querfasern halte ich dafür, dass dieselben aus der Betrachtung von Längsstücken des Rückenmarkes entnommen sind. Wie sich dagegen ihr Verlauf bei der Untersuchung von queren Scheibchen herausstellt, ist früher angegeben worden.

„Die breiten longitudinalen Nervenfasern erscheinen n u r a n d e r P e r i p h e r i e, und zwar in dem sogenannten vordern Strange; sie stehen mit peripherischen Nerven in u n m i t t e l b a r e m Z u s a m - m e n h a n g e, so zwar, dass sich ein grosser Theil der eintretenden Nervenfasern in dieselben fortsetzen. Sie liegen in der ganzen Länge des Rückenmarkes, gehen aber n i e in das Gehirn selbst ein."

Diese von E n g e l beschriebenen longitudinalen breiten Fasern sind also einfache Fortsätze der eintretenden peripherischen Fasern; weiter unten vernimmt man, d a s s s i e s ä m m t l i c h n a c h z i e m l i c h k u r z e m V e r l a u f e i m R ü c k e n m a r k e e n d e n. Im ausgebildeten Thier haben wir noch ein von diesen wesentlich verschiedenes System breiter longitudinaler Fasern beobachtet, welche in keinem

Zusammenhang mit den peripherischen Nerven stehen (s. oben, S. 13 u. flg.), dem Rückenmarke selbst angehören, und dasselbe in seiner ganzen Länge durchziehen.

„Die breiten longitudinalen Nervenfasern stehen zunächst mit den motorischen Nerven in nachweisbarem Zusammenhange; eine Verbindung mit sensiblen Nerven ist möglich, aber den Nachweis konnte ich bisher nicht überzeugend genug liefern."

Diese letztere Frage ist, nach der Analogie mit dem angegebenen Befunde bei vollendeter Entwicklung, verneinend zu beantworten.

„Die feinen longitudinalen Fasern nehmen den Seitenstrang und den obern Strang ein; sie stehen mit peripherischen Nervenfasern in k e i n e m Zusammenhange, erscheinen erst in der Lendenanschwellung des Rückenmarkes, gehen nicht, wie die breiten Fasern, schon aus dem Schwanztheile des Rückenmarks hervor, laufen aber dagegen in die Hirnsubstanz hinein. Auch in der grauen Substanz des Rückenmarks sind sie zahlreich, doch mengen sich hier mit ihnen auch quere Fasern, was in dem Seiten- und obern Strange, den sie ausschliesslich bilden, nicht der Fall ist. Diese Fasern können also eben so wohl als Hirn- wie auch als Rückenmarksfasern, die vom Rückenmark zum Gehirn aufsteigen, betrachtet werden."

Später mischen sich unter diese feinen Fasern

der Seiten- und Hinterstränge, wie wir gesehen haben, noch grobe Fasern, und in den vordern Strängen scheinen sie sich erst dann zu entwickeln.

„Von den queren Fasern gehört die Mehrzahl dem Rückenmarke ausschliesslich an, d. h. sie stehen weder mit dem Gehirne, noch mit den peripherischen Nerven in Verbindung; diese kann man daher auch als eigentliche Rückenmarksfasern betrachten. Sie sind schmal, und laufen immer durch die ganze Breite des Rückenmarkes von einer Hälfte zur andern. Sie liegen in der Tiefe des Rückenmarkes in der grauen Substanz desselben, deren grössten Theil sie darstellen. Nur eine dünne Schichte scheint den obern und seitlichen Rückenmarksstrang von aussen her zu bedecken. Im Schwanztheile des Rückenmarks trifft man diese Fasern nicht, sie beginnen erst in der hintern Anschwellung des Rückenmarkes, finden sich durch das ganze Rückenmark, gehen aber nicht in die Gehirnsubstanz hinüber.

„Eine andere Art von Querfasern mit grösserem Durchmesser geht nur bis in die Gegend des sogenannten grauen Kernstranges, und endet hier ohne die entgegengesetzte Rückenmarkshälfte zu erreichen; diese Fasern verlaufen peripherisch, treten als hintere Nervenwurzel aus, und gehen in der vordern und hintern Rückenmarksanschwellung in die an der Nervenwurzel befindlichen Ganglien ein."

Von diesen zwei Arten von Querfasern halte ich die erstern für die Anlage zu den später entwickelten, schief verlaufenden Fasern, welche sich in zwei sich kreuzende Bündel sammeln, und die ich daher Kreuzungsbündel genannt habe. In der Froschlarve scheinen sie relativ zahlreicher zu sein, als später. Von der zweiten Art dieser Querfasern, welche mit den Nervenwurzeln in Verbindung stehen, habe ich bis jetzt noch nicht gesprochen, weil ich sie weniger zum Rückenmarke, als zum peripherischen Nervensystem gehörend betrachte.

Es kommt nun die Betrachtung eines äusserst wichtigen Gegenstandes an die Reihe, die Art, wie sich das peripherische Nervensystem in's Rückenmark einsetzt, oder die Ursprungsweise der Nervenwurzeln. Da es sich übrigens bei meiner Arbeit nur um die anatomischen Verhältnisse handelt, ohne Rücksicht auf die Functionen, so werde ich in meiner Darstellung den Ursprung der Nerven in die Peripherie, dagegen ihr Ende in das Centralorgan setzen.

Die Literatur dieses Gegenstandes ist sehr umfangreich, denn derselbe hat von jeher zu den vielfältigsten Untersuchungen, auf theoretischem und praktischem Wege, Anlass gegeben. Von der Beantwortung der dahin gehörenden Fragen erwartete man Aufschlüsse über die dunkelsten Punkte der Nervenphysiologie, und die Lösung so mancher bisheriger Räthsel

über die Art der Nervenleitung, über die Lehre
von den Nervensympathieen und über vieles Andere
mehr. Da die Idee von einer unmittelbaren Nervenleitung per continuitatem im Allgemeinen vorherrschend war und noch ist, so war man geneigt,
jedem einzelnen Nervenvermögen im Centralorgan
seine eigenen Nervenfasern zuzuschreiben, welche
eine ununterbrochene Verbindung mit der Peripherie
herstellen sollten. Eben desswegen musste man von
der genauern Kenntniss des Verlaufs dieser Nervenfasern innerhalb der Centralorgane die wichtigsten
Aufschlüsse über die noch so dunkle Specialphy-
siologie der letztern erwarten. In Betreff dieser
schönen Hoffnung bin ich durch die Resultate, welche
ich gewonnen habe, enttäuscht worden. Schon das
Princip der unmittelbaren Nervenleitung erscheint
mir darnach als ein ganz verfehltes. Ueberhaupt
habe ich darin wieder neue Beweise dafür erhalten,
dass die Natur eben so mannigfaltig ist in den
Aeusserungen ihrer Kräfte, als einfach und unge-
künstelt in den materiellen Mitteln, welche sie zur
Vermittelung jener in Bewegung setzt. So auch
hier; die anatomischen Grundlagen des Nervensystems sind weit einfacher, als man sie sich vor-
gestellt hatte, die Verrichtungen aber um eben so
viel unerklärlicher und merkwürdiger. Manche Ge-
setze, in die man die Thätigkeit desselben mit
mathematischer Bestimmtheit einzwängen zu können

glaubte, werden als unrichtig dahin fallen; die wichtigsten aber bleiben noch zu entziffern.

In keinem Gebiete ist es nöthiger als in diesem, Thaten an die Stelle unnützer Worte zu setzen. Daher erlaube ich mir, die weitläufige Erzählung des Vielen, was darüber schon geschrieben worden ist, zu übergehen. Es ist diess um so mehr erlaubt, als auch diese Untersuchungen meistens auf einer falschen Basis, der der theoretischen Speculationen fussten, und daher denn auch, wie zu erwarten war, meistens nur zur Aufstellung einer Masse von Meinungen und Hypothesen führten, welche wenig Uebereinstimmung zeigen. Die ältere Ansicht, dass alle von Aussen in das Centralorgan eintretenden Nervenfasern dieses seiner Länge nach durchsetzen und bis zum Gehirn aufsteigen, musste verlassen werden, als man berechnete, dass das Volum des Rückenmarks in seiner Höhe viel zu gering sei, um die Fortläufer sämmtlicher Rückenmarksnerven zu beherbergen, abgesehen von der eigenen Substanz des Rückenmarks. Indessen klammerte man sich immer noch an diese Ideen an, suchte davon zu retten, so viel möglich war, fuhr daher fort, von einem wenigstens theilweisen Uebergang der Rückenmarksnerven in's Gehirn zu sprechen, und erschöpfte sich in Bemühungen, um denselben zu begründen.

Unter den Männern, welche diese Lehre angriffen, hat Volkmann wohl am überzeugendsten, obgleich ebenfalls auf indirectem Wege, die Ansichten von einem ununterbrochenen Uebergang sämmtlicher peripherischer Nervenfasern in's Gehirn erschüttert. Er setzt ihnen folgende Gründe entgegen:

1. Die Formverhältnisse des Rückenmarks. Dasselbe bildet nämlich weder im Ganzen, noch mit seiner weissen Masse allein einen einfachen Kegel, und doch müsste Eins davon der Fall sein, wenn die allmälig von unten bis oben aus den Nervenwurzeln eintretenden Fasern, sämmtlich von ihrem Eintritte durch das ganze Rückenmark bis in's Gehirn verliefen. Vielmehr zeigt es bei Thieren mit vier Gliedmassen in seinem Verlaufe zwei Anschwellungen, zwischen welchen es sich merklich verdünnt, und sowohl an der Massenzunahme in den Anschwellungen, wie an der Massenabnahme zwischen ihnen, haben beide Substanzen, die weisse und die graue, Antheil, so zwar, dass bei manchen Thieren die Lendenanschwellung sowohl mehr weisse als mehr graue Masse enthält, wie selbst die Halsanschwellung. Sollten also trotzdem sämmtliche Nervenwurzeln bis in das Gehirn verlaufen, so müsste, nach Abzug des auf diese Weise nothwendig durch ihren allmäligen Zusammentritt gebildeten, einfachen Kegels, ein Theil der Rückenmarksmasse übrig bleiben, welcher die vorhandenen Abweichungen

von dieser einfachen Form erzeugte. Die graue Masse allein macht diesen Theil nicht aus, was die darüber angestellten Messungen beweisen. Der desshalb nothwendig auf die weisse Masse fallende Antheil daran lässt sich aber nicht denken, ohne dass man im Rückenmark freie Enden (oder Endschlingen) so vieler Fasern annimmt, als neben der grauen Masse nöthig sind, um den von den übrigen bis zum Gehirn verlaufenden Fasern gebildeten umgekehrten Kegel bis zu der wirklichen Gestalt des Rückenmarkes zu ergänzen — oder, der anatomischen Beobachtung zuwider, Windungen der tiefer unten eintretenden Fasern willkürlich voraussetzt, welche jene Massenunterschiede bewirken würden.

2. Der Nachweis, dass, auch von diesen Verhältnissen abgesehen, der ganze Umfang des Rückenmarkes an seinem Hirnende nicht bei allen Thieren ausreiche, um sämmtliche Fasern der Rückenmarksnervenwurzeln in sich aufzunehmen. Es bliebe also nur der Ausweg übrig, eine Verdünnung der eintretenden Wurzeln im Rückenmarke anzunehmen, die bis zu $^1/_{11}$ ihres ursprünglichen Durchmessers ginge, was schon von vornherein höchst unwahrscheinlich wäre, und durch die von mir mitgetheilten Messungen der im Rückenmarke vorkommenden Fasern vollends beseitigt wird.

3. Endlich der Umstand, dass bei den mit Glied-

massen versehenen Thieren die weisse Masse des
Rückenmarks gerade an den Stellen selbst, an
welchen grössere Nervenstränge von ihm abgehen,
statt sich zu verdünnen, an Umfang zunimmt. Der
dritte Grund von Volkmann lässt sich auch um-
kehren und so ausdrücken: gerade an den Stellen,
wo starke Nerven ins Rückenmark treten, bemerkt
man constant eine Volumszunahme des letztern
(Lenden- und Halsanschwellung). Auf diese Ein-
trittsstellen der Nerven beschränkt, verlieren sich
die Anschwellungen etwas höher und tiefer sogleich. Daraus kann man mit grosser Wahrschein-
lichkeit zwei Schlüsse ziehen: 1. dass die Anschwellung durch den Eintritt der Nervenwurzeln
verursacht werde, und 2., dass das Aufhören der
Anschwellung unmittelbar nach oben in einem Aufhören der Ursache, d. i. der eintretenden Nervenwurzeln begründet sei. Wären die Wurzeln des
Stammes stark genug, um durch ihren Eintritt das
Volum des Rückenmarkes merklich zu vergrössern,
so müssten wir eben so viele Anschwellungen am
Rückenmarke wahrnehmen, als die Zahl der Nerven-
paare beträgt. Und in der That ist diess bei einigen
Thieren der Fall, namentlich bei den Knochenfischen,
wo den zu den Brustflossen abgehenden Nerven-
paaren eine regelmässige Zahl von Anschwellungen
entspricht. Bei den Ophidiern verursacht der Eintritt jedes Nerven eine hinlängliche Massenzufuhr,

um eine evidente Anschwellung im Rückenmarke zu veranlassen.

Ich habe die Arbeiten, welche Volkmann über diesen Gegenstand angestellt hat, etwas ausführlicher angefuhrt, weil seine Ergebnisse mit den meinigen übereinstimmen, und weil es sehr zu Gunsten der letztern spricht, dass ein Forscher wie Volkmann auf ganz verschiedenem Wege der Untersuchung zu denselben Resultaten gelangt ist, wie sie unten, als auf directem Wege, mit Hülfe des Mikroskops, gefunden, dargelegt werden sollen.

Bei den Reptilien, welche keine ausgebildeten Extremitäten besitzen, finden wir auch keine Lenden- und Halsanschwellung im Rückenmarke.

Beim Menschen scheinen die eintretenden Wurzeln einen verhältnissmässig längern Verlauf innerhalb des Centralorgans zu besitzen, als bei den Reptilien. So mag es kommen, dass wir dort statt einer plötzlichen entsprechenden Anschwellung nur eine allmälige Zu- und Abnahme des Volumens finden.

Auch in dieser Sache scheint mir die Probe vermittelst des Mikroskops die zweckmässigste, um eine weniger problematische Belehrung zu schöpfen, und aus dem Gebiete der mehr oder weniger wahrscheinlichen Muthmassungen herauszukommen. Ausser Budge, auf den ich später zurückkommen

werde, hat besonders Herr Prof. Engel * durch
seine Untersuchungen über das Rückenmark der
Froschlarven diese Nebel, welche die frühern Forscher beirrten, beseitigt, und den Weg zu weitern
Untersuchungen vorgezeichnet. Herr Prof. Engel
fand, dass die Nervenwurzeln ziemlich schnell nach
ihrem Eintritte in's Rückenmark abrupt enden. Sie
gehen keine directe Verbindungen mit den Elemen-
ten des Rückenmarks ein; auch zerstreuen sich die
Nervenfasern nicht, bevor sie enden, sondern hören
gemeinschaftlich auf.

Die vordern Rückenmarksstränge enthalten bei
der Froschlarve, nach Engel, keine eigentlichen
Rückenmarksfasern, sondern sind lediglich der Herd
der in Masse hereinziehenden und daselbst enden-
den Nervenwurzeln. Herr Prof. Engel beschreibt
diese Anordnung mit folgenden Worten **:

„Die breiten longitudinalen Fasern sammeln sich
in einem, durch die ganze Länge des Rückenmarks
verlaufenden Strange, keine dieser Fasern gelangt
jedoch von ihrer Eintrittsstelle an zum Gehirn durch
die ganze Länge des Markes. Der Verlauf dieser
Fasern im untern Rückenmarksstrange ist demgemäss folgender. Ein aus sechs, oder mehrern breiten Fasern bestehendes Nervenbündel läuft an der

* A. a. O.
** Pag. 113 l. c.

untern Seite des Rückenmarkes gegen die Mittellinie, und dort angelangt, eine kurze Strecke weit
gerade nach vorn, und etwas nach aufwärts, d. h.
gegen den centralen Theil des Markes. Ist es auf
diese Art einen, oder höchstens zwei Wirbel weit
nach vorne gegangen, so hören die einzelnen Fasern mit einer leichten Spitze auf (nicht alle Spitzen
eines Bündels liegen in derselben Ebene). Das
nächste, weiter nach vorn liegende Nervenbündel
verläuft auf ähnliche Weise, und bedeckt, sobald
es in den untern Strang eingetreten ist, eine kurze
Strecke weit, das nächst hintere Bündel von der
untern Seite. Jedes in den untern Strang
eintretende Nervenbündel endet daher
nach einer kurzen Strecke seines Verlaufes im Rückenmark und bedeckt von
unten her ein wenig das hinterliegende
Bündel, so wie es in gleicher Weise von
dem nächst folgenden bedeckt wird. Keine
Faser dieses Stranges läuft durch die
ganze Länge des Rückenmarkes ununterbrochen bis zum Gehirne.

„Es geht aus dieser Anordnung der Fasern
hervor, dass dort, wo stärkere Nervenbündel in
das Rückenmark eintreten, auch der untere Strang
breiter und dicker werden müsse. Diess ist an der
Eintrittsstelle der Extremitätsnerven, der vordern
und hintern Rückenmarksanschwellung der Fall. Die

letzten Nerven des untern Stranges hören unmittelbar hinter den Vierhügellappen des Hirnes auf,
und werden hier von unten her durch eine Schicht
querer Fasern bedeckt."

Etwas anders verhalten sich die hintern Wurzeln;
Engel sagt darüber Folgendes:

„Das höchste Interesse bietet das
Entstehen und der Ursprung der hintern
oder der gangliösen Wurzel dar. Bereits
oben ist erwähnt, dass diese Wurzel erst zu einer
Zeit sichtbar werde, in der die Bildung der Extremitäten beginne. Weder in dem verhältnissmässig
grossen Ganglium, noch in dessen im Rückenmarke
befestigter Wurzel ist in dieser Periode eine Nervenfaser zu erblicken, sondern Ganglium und seine
Wurzel werden von einem zarthäutigen Cylinder
dargestellt, der mit einer feinkörnigen Masse und
mit Zellen gefüllt ist. An der Grenze zwischen dem
obern und dem Seitenstrange des Rückenmarkes
angelangt, tritt dieser Hautcylinder in das Rückenmark hinein, und quer durch dasselbe in die sogenannte Mark- oder graue Substanz, ohne jedoch
die entgegengesetzte Hälfte des Rückenmarks zu
berühren.

„Bald bemerkt man in der Ganglienwurzel, so
wie im Ganglion selbst, anfangs einzelne, später
zahlreichere Nervenfäden, deren Menge endlich so
zunimmt, dass der ganze, die Wurzel darstellende

Hautcylinder davon erfüllt wird. In der Wurzel liegen diese Fasern parallel; in das Ganglion eintretend, divergiren sie, um dann nach der entgegengesetzten Seite des Gangliums abermals zu convergiren, und auf diese Art zu dem Nervenstamme sich zu sammeln.

„Die Nervenfasern, welche sich in der Ganglienwurzel bilden, laufen ohne Unterbrechung bis gegen die Mitte des Rückenmarkes, ohne diese zu erreichen, und enden hier mit einer leichten Abrundung, ohne in Fasern anderer Art überzugehen, ohne sich mit einander zu verbinden, und ohne Endschlingen zu bilden.

„Als das wichtigste Resultat der Untersuchung stellt sich demnach heraus, dass die in das Rückenmark eintretenden, sowohl motorischen als sensiblen Nerven nur eine kurze Strecke weit im Rückenmarke selbst verlaufen, und dann aufhören, ohne mit andern Nerven sich zu verbinden, dass demgemäss das Rückenmark an verschiedenen Stellen je nach der Masse der eintretenden Nervenfasern verschieden dick sein müsse.“

Ich hatte mir nun folgende Frage aufzuwerfen: sind die von Engel an Froschlarven constatirten Verhältnisse nur vorübergehende Zustände einer frühen Entwicklungsperiode, oder erhalten sie sich unverändert während der spätern Ausbildung des Thieres, und sind demnach als bleibende Bildungen zu betrachten?

Das Letztere muss ich, in seinen wichtigsten Theilen, unbedingt bejahen. Bei vielfach erneuerten Versuchen habe ich stets dieselbe Endigungsweise der Rückenmarksnerven, im Wesentlichen wenigstens, gefunden, wie sie Engel bei der Froschlarve mitgetheilt hat. Noch mehr, um den daraus zu ziehenden Schlüssen der Analogie noch grössere Sicherheit zu geben, habe ich auch kleinere Vögel, Fische, und als Stellvertreter für die Säugethiere die Maus, denselben Betrachtungen unterworfen, und hierbei mit den frühern übereinstimmende Resultate, welche nur in untergeordneten Dingen hie und da abweichen, erhalten.

Somit beziehen sich die von Engel aufgestellten Thatsachen auf alle höhern Thierclassen, und bereichern die Nervenlehre um einen Fundamentalsatz.

Es ist von Wichtigkeit, zu wissen, ob die Nervenwurzeln nach Verschiedenheit ihrer Funktionen entsprechende Verschiedenheiten in ihrem Bau, Zusammensetzung u. s. w. zeigen. In den Hauptpunkten verhalten sich alle Nervenwurzeln ähnlich. Sie enden sämmtlich auf die von Engel beschriebene Art, indem sie, an der gegebenen Stelle angelangt, plötzlich mit allen ihren Fasern geschlossen aufhören, ohne dass einzelne Ausläufer sich weiter fortsetzten.

Die Fasern zerstreuen sich nicht, verflechten sich nicht mit den umgebenden Rückenmarksfasern, noch mit den freien Kernen der grauen Substanz, sondern bilden bis zu ihrer gemeinschaftlichen Endigung ein vollkommen geschlossenes Bündel. Auch die Durchmesser der Nervenfasern in beiden Wurzeln gewähren kaum unterscheidende Merkmale; sie sind ein Gemenge von gröbern und feinern Fasern, nur scheinen letztere in den sensiblen Wurzeln etwas zahlreicher zu sein, als in den motorischen. — Als entscheidender Unterschied bleibt uns einzig und allein die Wahl der Ansatzstelle, und eine Formverschiedenheit in der äussern Rundung des Wurzelendes. Das letztere mag zwar mehr äusserlich und unwesentlich erscheinen; die darauf sich gründende Verschiedenheit ist jedoch hinlänglich ausgeprägt, um auf den ersten Blick die Funktion der betreffenden Wurzel zu verrathen.

Die motorischen Wurzeln senken sich insgesammt in schiefer Richtung in's Rückenmark ein, und stehen somit in einem spitzen Winkel zur Längsachse des Rückenmarks. Dieser Winkel ist um so spitzer, je näher am Schwanzende diese Eintrittsstelle gelegen ist. Am Halstheile dagegen nähert er sich mehr einem rechten Winkel. Bekanntlich geschieht der Verlauf der Nerven auch ausserhalb des Wirbelkanals in schief absteigender Richtung, doch schon nicht mehr in dem Grade, wie diess an der Einsatzstelle ins Rückenmark der Fall ist. Der Gesammtverlauf bildet mithin einen Bogen, mit aufwärts gerichteter Concavität. Während die motorischen Wurzeln im Rückenmarke ihre schiefe Richtung in eine der Längsachse des letztern mehr parallele umändern, nähern sie sich zugleich der vordern Längsfurche, die sie beinahe erreichen. Immerhin bleiben sie durchaus im Bereiche der vordern Rückenmarksstränge, und kommen in keine Berührung mit der grauen Substanz. In der Nähe der mittlern Längsfurche angelangt (was auf einem kürzern Wege im obern Theile des Rückenmarks von statten geht, auf einem viel längern dagegen im untern Theile), enden sie auf die früher beschriebene Weise. Die Endstelle ist um so weiter von der Eintrittsstelle entfernt, je schiefer der Verlauf, weiter demnach in den untern Partieen des Rückenmarks, wo die ganze Strecke eine Wirbellänge und mehr betragen kann. Näher am Hirnende streben die Wurzeln in fast transversaler Richtung gegen die Mittellinie. Zuweilen bemerken wir, dass sich einige Wurzeln noch innerhalb des Rückenmarkes theilen, und mit zwei oder mehr Zipfeln enden; die Spaltung ist in der Regel dichotomisch, selten mehrfach. Der Faserinhalt der so entstandenen sekundären Bündel beträgt nicht genau das Volumen der ganzen Nervenwurzel, sondern ihre Mächtigkeit ist relativ sehr verschieden und durchaus unregelmässig. Bei der Maus trifft man diese Spaltung der Nervenwurzeln noch viel häufiger an, so dass man selten eine solche findet, die ungetheilt bliebe; ferner ist hier die Spaltung fast immer eine mehrfache, so dass man oft bis 10 Bündel zählen kann. Auch hier ist die Mächtigkeit der einzelnen Bündel sehr ungleich. — Die Fasern der motorischen Wurzeln enden sämmtlich in einer Linie, so dass letztere ihr Volumen bis zum Schlusse fast vollständig beibehalten. Wir werden sehen, dass sich diess bei der sensiblen Wurzel anders macht. Zu bemerken ist ferner, dass der Durchmesser der motorischen Wurzeln gegen das Ende hin ein wenig abnimmt. Diess mag zum Theil von einer Volumsabnahme der einzelnen Fasern herrühren, theils von dem Schwund der Hüllen, sowohl des gemeinsamen Neurilems, als der Wandungen der Nervenröhrchen selbst. Letzteres ist unzweifelhaft der Fall, und hat zur Folge, dass die Enden der Röhrchen äussern Einflüssen weit weniger Resistenz entgegensetzen, als ihre Körper. Schon ein geringer Druck, auf diese Enden ausgeübt, bringt sie zum Bersten, worauf man den Nerveninhalt austreten sieht. Dieser Umstand kann dazu ausgebeutet werden, um meine Ansichten als irrig darzustellen, ich werde daher wieder darauf zurückkommen. — Zugleich mit dem Dünnerwerden der Wände bemerkt man auch ein geringes Abnehmen ihres Inhaltes. Diess zeigt sich noch viel deutlicher bei der Maus, wo die Caliber

der Nervenröhrchen sehr beträchtlich abnehmen,
ehe sie enden. Eine Verschiedenheit von der Endigungsweise der longitudinalen Rückenmarksfasern
ist die, dass letztere eine nur sehr allmälige Abnahme zeigen, die sich mehrere Linien hinziehen
kann, während diese in den Wurzeln sich auf einem
Raume von ein paar Tausendstel Linien Länge
bewegt.

Die sensiblen Wurzeln treten sämmtlich in einer
Richtung in's Rückenmark, welche der queren sehr
nahe kommt, und sie an den meisten Stellen erreicht.
Zuweilen ist selbst die Richtung eine etwas rückwärts ziehende, so dass das Ende etwas weiter
nach unten stattfindet als der Eintritt, im vollkom-
menen Gegensatz zu den motorischen Wurzeln.
Die Eintrittsstelle liegt ungefähr an der Grenzlinie
zwischen den hintern und den Seitensträngen des
Rückenmarks. Von da an biegt sich die Wurzel
nach hinten und einwärts, und endet in dem hintern
Rückenmarksstrang, welcher ihrer Seite entspricht.
Die Form dieser Enden ist etwas verschieden von
der der motorischen Wurzeln. Die äussern, peripherischen Fasern sind nämlich etwas länger und
wölben sich über die Centralfasern vor, so dass
letztere von jenen, wie von einer Kuppel einge-
schlossen sind. Es entsteht so die Form einer Halbkugel. Die sensiblen Wurzeln spalten sich sehr
häufig in eine beträchtliche Zahl von Ausläufern.

Dasselbe habe ich in noch höherm Maasse bei der Maus gefunden.

Bei der Untersuchung von einzelnen, dem Rückenmark entnommenen, Stückchen findet man häufig in der weissen Substanz einzelne Lücken von runder oder länglicher Form, welche durch das Auseinandertreten der eigentlichen Rückenmarksfasern, nicht durch die Unterbrechung in ihrer Continuität, gebildet werden. Diese Lucken bezeichnen ohne Zweifel den Verlauf von Nervenwurzeln, welche bei der Präparation verloren gegangen sind. Letzteres geschieht sehr leicht; ein sehr schwacher Zug an den membranösen Hüllen reicht dazu hin, weil die Wurzeln stärker an denselben haften, als am Marke selbst; es folgt jedesmal die ganze Wurzel dem Zuge, nie sieht man ein Stück derselben im Innern des Rückenmarks seinen Lauf fortsetzen. Oft bleibt in diesen Lücken eine zellgewebige Membran zurück, welche sich in Form eines faltigen Streifens bis zur Oberfläche des Rückenmarks hinzieht. Diese Membran ist ein Fortsatz der Meningen, welcher die Wurzel bei ihrem Eintritt begleitet. Das Ueberbleibsel ist wohl nur das äussere Blatt der Duplikatur, deren inneres an der Nervenwurzel fester haftet und zugleich mit ihr herausgerissen wird.

Es sei mir nun erlaubt, hier noch auf einige Einwürfe aufmerksam zu machen, welche man nicht

ermangeln wird, den oben aufgestellten Ansichten
entgegen zu setzen. In erster Linie wird man gel-
tend machen, die vorgeblichen Enden der Nervenwurzeln seien künstlich durch Abreissen der letztern
hervorgebracht; einen Beleg dafür wird man in
dem Umstande suchen, dass aus dieser Stelle die
Nervenröhrchen bei einigem Drucke ihr Mark ent-
leeren.

Diesen Einwurf habe ich zu allervorderst mir
selbst gestellt und erst nach gewissenhafter Untersuchung und Erwägung aller Umstände als unge-
gründet fallen lassen. Ein Hauptgrund dabei war mir
das gänzliche Mangeln des imaginären, im Rückenmarke zurückbleibenden Stückes. Das spurlose Verschwinden des letztern unter dem beobachtenden
Auge, ohne dass nur im Geringsten eine Andeutung
zurückbliebe, weiss ich mir eben nicht natürlicher
und einfacher zu erklären, als dadurch, dass es nicht
existirt, und wenn man hundert und mehr Male
dasselbe negative Resultat erhält, so lässt man sich
endlich von seiner Skepsis heilen. Bei Querschnitten
schien mir dieser Einwurf anfangs noch am meisten
Grund für sich zu haben, da sich ein Abschneiden
der Wurzeln hier sehr leicht denken lässt, und
wirklich häufig vorkommt. Aber solche Abschnitte
erkennt man auf den ersten Blick und wirft sie
nicht leicht mit den wahren Wurzelenden zusammen.
Untersucht man aber ein longitudinales Stück aus

dem Rückenmark, so kann von keinem Irrthum mehr die Rede sein. Man sieht die Enden so schön inmitten der eigentlichen Rückenmarksfasern in ihrer Integrität eingebettet, von weitern Fortsätzen, welche nach der vermeintlichen Unterbrechung ihren Verlauf ferner fortsetzten, keine Spur, auch keine Gruppen von eigentlichen Rückenmarksfasern, welche vermöge ihrer Gestalt, Richtung, Ursprungsweise den Gedanken nähren könnten, als ob sie mit der betreffenden Wurzel in ursprünglicher Continuität gestanden hätten. Das leicht erfolgende Austreten von Marksubstanz aus den Wurzelenden beweist ferner nur, dass die Nervenröhrchen an dem Endpunkte schwächer werden; das Gegentheil davon würde ich eher überraschend finden. Von mehreren Personen sind mir auch Präparate des Rückenmarks gezeigt worden, in denen sich ein Nerv eine ziemliche Strecke weit hinzog; bei näherer Besichtigung fand ich aber immer, dass solche Nerven sich von Aussen zufällig n e b e n das Rückenmark gelagert hatten und mit ihm zusammen in eine Masse zerquetscht worden waren. Nie ist mir ein Präparat aufgestossen, welches eine solche Verlaufsweise mit Sicherheit in Evidenz gestellt hätte; in einem solchen Falle hätte ich mich recht gern überzeugen lassen. — Es ist überhaupt sehr schwer, ähnliche Dislocationen bei der Untersuchung, welche leider fast nie ohne Anwendung einer geringen Compression möglich ist, zu vermeiden. Daher stellt sich oft die Nervenwurzel in eine Linie mit den eigentlichen Rückenmarksfasern, wird mit ihnen zusammengequetscht, und scheint sich alsdann in diese fortzusetzen. Diess ist manchmal so täuschend, dass man sich leicht dadurch beirren lässt; auch ich wurde dadurch oft sehr unschlüssig gemacht. So erkläre ich mir die Resultate von H. Budge *, welcher nach Untersuchungen beim Frosch eine solche unmittelbare Fortsetzung der eintretenden Nervenfasern im Rückenmark mit Entschiedenheit annimmt. Beim Menschen wurden diese Untersuchungen viel häufiger angestellt, ich kann aber daraus nur Einiges hervorheben. Ed. Weber von Leipzig hoffte durch eine besondere Präparation wichtige Aufschlüsse erhalten zu haben. Er theilt seine Untersuchungen ** über den Eintritt der motorischen Nervenwurzeln in das Rückenmark folgendermassen mit: „Es ist mir gelungen, Gehirn und Rückenmark durch eine vorausgehende Behandlung der Präparation so zugänglich zu machen, dass ich die Nervenwurzeln in die Substanz des Rückenmarks und Gehirns hinein mit vollkommener Deutlichkeit verfolgen kann,

* Archiv für Anatomie, Physiologie, und wissenschaftliche Medizin von Müller, Jahrgang 1844, S. 160: Ueber den Verlauf der Nervenfasern im Rückenmarke des Frosches.
** In Wagners Handwörterbuch, III. Band, Art. Muskelbewegung.

was bis jetzt nicht möglich gewesen ist. Auf diesem Wege habe ich gefunden, dass die motorischen
Nervenwurzeln, nachdem sie am äussern Rande
der vordern Rückenmarksstränge eingedrungen sind,
in völlig querer Richtung zwischen den Längsbün-
deln des Rückenmarkes hindurchgehen, sich dabei
zwischen denselben erst in gröbere, dann immer
feinere Bündel zertheilen und diesen queren Verlauf nach der Rückenmarksspalte hin beibehalten,
so weit nur die immer weiter gehende Zertheilung
der Bündel ihre Verfolgung gestattete. Einzelne
stärkere Bündel habe ich so bis weit über die Mitte
der Seitenhälfte in das Rückenmark hinein verfolgt.
Die Bündel der weissen Rückenmarksfasern, zwischen denen die Fäden der motorischen Nerven
hindurchgegangen sind, gesellen sich den vordern
Strängen zu, die zwischen den vordern Nervenwurzeln und der vordern Spalte des Rückenmarks
gelegen sind, in welche aufwärts nach dem Gehirne
zu keine Nervenfasern weiter eindringen.

„Wie die motorischen Fasern von aussen, habe
ich andererseits die Fasern der weissen Commissur von innen her in die seitlichen Hälften des
Rückenmarkes hinein, und zwar an denselben Prä-
paraten verfolgt. Ich lege die weisse Commissur
dadurch bloss, dass ich die vordern Stränge, welche
von den untern Theilen des Rückenmarkes aufwärts steigen, entferne, was ohne Zerreissungen

geschehen kann, weil deren Bündel von queren
Nervenfasern nicht durchkreuzt werden. So dargestellt, sieht man die weisse Commissur deutlich aus
Bündeln reiner Querfasern bestehen, welche getrennt von einander, von innen her zwischen dieselben Längsbündel der Seitenhälften des Rückenmarkes eindringen, wie die gegenüberliegenden,
motorischen Nervenwurzeln von aussen her. Verfolgt man diese Bündel der weissen Commissur
weiter zwischen die Längsbündel der Rückenmarksfasern hinein, so sieht man, dass sie sich wie die
der motorischen Wurzeln zertheilen, in völlig querer
Richtung zwischen den Längsfasern durchgehen und
jenen geradewegs entgegen kommen, sich aber
dann, wie jene, in ihre Elementarfäden spalten, so
dass ihr unmittelbarer Uebergang in dieselben anatomisch nicht nachgewiesen werden kann. Dass
nun die sich entgegenkommenden Faserbündel der
vordern Nervenwurzeln und der vordern weissen
Commissur wirklich identisch sind, folgt, abgesehen
davon, dass ausser ihnen zwischen den Längsfasern
der vordern Stränge keine andern Querfasern der
weissen Marksubstanz vorkommen, und daher keine
Verwechselung möglich ist, auch daraus, dass nach
meinen Untersuchungen die Stärke der weissen
Commissur an den verschiedenen Theilen des
Rückenmarkes der Zahl und Stärke der an jeder
Stelle austretenden Nervenwurzeln entspricht, so

dass die weisse Commissur da äusserst stark ist, wo' die grossen Nerven der obern und untern Extremitäten vom Rückenmarke abgehen, an der Hals- und Lendenanschwellung desselben; dass sie dagegen äusserst schwach am Rückentheile des Rückenmarkes ist, wo die austretenden Nerven- wurzeln äusserst dünn und selten sind, so dass es mir bis jetzt nicht einmal hat gelingen wollen, die weisse Commissur an diesem Theile des Rücken- markes durch Präparation darzustellen."

In dem Angeführten finden sich einige Wider- sprüche mit meinem eigenen Befund; ich will die- selben kurz beleuchten. Weber hält die weisse Quercommissur für einen rein querverlaufenden Fa- serzug. Ich habe aber früher gezeigt, dass die Fasern derselben sich beim Frosch kreuzen. Nun scheint es mir höchst wahrscheinlich, dass dasselbe Verhalten sich auch aufwärts bei den höhern Thieren erhält. Freilich ist es wohl durchaus unmöglich, bei blosser Betrachtung mit unbewaffnetem Auge diess deutlich zu erkennen und von einer queren Richtung zu unterscheiden, und zwar desshalb, weil sich Faser mit Faser kreuzt, nicht ganze Bündel mit Bündeln, wie im verlängerten Mark; nur wenn das letztere stattfände, könnte man sich allenfalls mit blossem Auge davon überzeugen. Ich halte also dafür, dass Weber nur die vordere Abtheilung der Kreuzungsbündel gesehen, und ihre zwei vor-

dern oder kleinern Schenkel nach beiden Seiten
in die motorischen Rückenmarksstränge verfolgt hat.
Er lässt sie in immer feinere Bündel sich zer-
theilen, was mit meiner Darstellung übereinstimmt.
Auch von den motorischen Nervenwurzeln behauptet
Weber, dass sie sich zertheilen, und ich habe keinen
Grund daran zu zweifeln, da ich schon bei der
Maus etwas Aehnliches gefunden habe, und es
wahrscheinlich ist, dass sich beim Menschen die
Verhältnisse noch mehr compliciren. Aber eine
völlige Auflösung derselben in einzelne Fasern oder
höchst feine Bündel möchte zweifelhaft sein, denn die
Art der Untersuchung, welche, wie es scheint, in
mechanischem Auseinanderreissen der Fasern bestand,
ist doch wohl für diesen zarten Gegenstand zu ge-
waltsam, um die nöthige Sicherheit zu gewähren,
dass man es nachher nicht mit einem Kunstproduct
zu thun habe. Noch weit problematischer endlich
ist die Folgerung Webers, dass „die sich entgegenkommenden Faserbündel der vordern Nervenwurzeln
und der vordern weissen Commissur identisch sind".
Zu meinen Beobachtungen steht sie in entschiedenem
Gegensatz. Nach ihr wären die Fasern der Quercommissur das verbindende Mittelstück zwischen den
von-beiden Seiten eintretenden peripherischen Nervenfasern; es fände somit ein unmittelbarer Zusammenhang zwischen den von rechts und links
eintretenden Nervenwurzeln statt, welche im Cen-

tralorgan nicht enden, sondern es bloss in ununterbrochenem Verlaufe durchstreichen würden. Es würde
schwer halten, eine solche Verlaufsweise mit unsern
bisherigen physiologischen Ansichten in Einklang zu
setzen.

Van Deen * beobachtete an einem Längenschnitt
aus der Lendengegend eines in Weingeist erhärteten
Rückenmarks vom Kalb folgendes Verhalten der
Nervenwurzeln zu den Fasern des Rückenmarks,
welches mit den von mir eruirten Thatsachen
im wesentlichsten übereinstimmt: Die Fasern des
Rückenmarks verflochten sich mit den Fasern der
Nervenwurzeln auf eine sehr unregelmässige Weise,
so dass dieselbe Rückenmarksfaser bald über bald
unter den Nervenfasern lag; nirgends ging eine
einzelne Nervenfaser geradezu in eine
Rückenmarksfaser über; letztere hatten also
ziemlich einen longitudinalen, die Nervenfasern in
der Mitte einen queren, die obern und untern einen
schief nach oben und unten gerichteten Verlauf.
Nirgends, schliesst Van Deen, auch nicht beim
Frosch, seien die Nervenfasern Fortsetzungen der Rückenmarksfasern.

Der Theil des Centralorgans bei den Batrachiern,
welcher der Medulla oblongata der höhern Thiere

---

* S. d. Jahresbericht von Canstatt und Eisenmann; Leistungen
in der Histologie von Henle, vom Jahr 1844, pag. 25.

entspricht, besitzt zu wenig Eigenthümlichkeiten, um
als besonderes Organ abgehandelt zu werden. Was an
ihm interessiren mag, ist nicht ein complicirterer
Bau an und für sich, wie man ihn nach der Analogie der höhern Thiere erwarten sollte, der ihm
aber abgeht, sondern s e i n e L a g e, als oberes
Endstück des Rückenmarkes, und als solches ver-
dient es allerdings die grösste Aufmerksamkeit.

Was seinen innern Bau betrifft, so zeichnet es
sich durch grosse Einfachheit aus und durch den
Mangel mehrerer charakteristischer Eigenschaften,
welche ihm bei den höhern Thieren seine Eigen-
thümlichkeit verleihen. So fehlt ihm das complicirte
System der acht Strangpaare, ferner die Decussa-
tion der Fasern; es besitzt keine ganglienartigen
Körper. Vom übrigen Theil des Rückenmarkes unterscheidet es sich durch das Auseinandertreten der
obern Rückenmarksstränge und die Bildung des
Sinus medullæ oblongatæ, in welchen sich der Centralcanal des Rückenmarks verliert.

In der mikroskopischen Structur sind einige
Abweichungen von dem übrigen Rückenmark zu
bemerken. Ein auffallendes Phänomen springt namentlich in die Augen: Die Fasern sondern sich
nämlich und schaaren sich zu einzelnen Büscheln
zusammen; nicht nur die Kreuzungsfasern zeigen
diese sonderbare Bildung, sondern sämmtliche Rückenmarksfasern. Wir begegnen also hier schon einer

Tendenz der Fasern, sich aufzuwickeln und gesonderte Stränge zu bilden, welche sich dann bei den höhern Thieren verwirklicht.

Sehr wahrscheinlich endet hier ein Theil der eigentlichen Rückenmarksfasern; es würde aber sehr schwer halten, diess zu beweisen. Jedenfalls kommt keine plötzliche Endigung zahlreicher Fasern in Masse vor, da ein solche der Beobachtung nicht hätte entgehen können.

Die hier vorkommenden Nerven, vagus, facialis, acusticus u. s. w. stimmen in der Endigungsweise mit den übrigen Rückenmarksnerven vollständig überein. Aeusserlich unterscheiden sie sich nur durch ihre einfachen Wurzeln und eigenthümlichen Ansatzstellen.

Die meisten longitudinalen Rückenmarksfasern setzen sich bis in's Gehirn fort, wo sie sich zerstreuen und an die verschiedenen Organe desselben vertheilen. Dabei erhalten sie sich in der Reihenfolge, welche ihnen im Hirnende des Rückenmarks zugetheilt worden ist; Kreuzungen gehen sie später nicht mehr ein. So erblickt man unter dem Mikroskop nur eine Reihe separater Büschel in divergirender Richtung nach vorne ziehen und sich fächerförmig ausbreiten. Die hintern Stränge ziehen dabei zu den oberflächlichen Lagen des Gehirns, die vordern an seine Basis, die seitlichen bleiben auf ihrer entsprechenden Seite. In kurzer Uebersicht zusammengestellt, ist dieser Verlauf der Stränge folgendermassen geordnet:

Die hintern Strangpaare haben den kürzesten Verlauf. Sie krümmen sich nach oben und einwärts, und senken sich von beiden Seiten in den graulichen Querbalken, welcher dem Kleinhirn entspricht, in welchem sie sich vollständig verlieren. Weitere Hirntheile werden nicht von ihnen versorgt.

Die Seitenstränge ziehen unter dem Kleinhirn wie unter einer Brücke hindurch nach vorn, ein wenig nach der Seite abschweifend, divergiren alsdann und helfen die Vierhügelmasse bilden, in welcher sie sich auflösen.

Die vordern oder motorischen Stränge bleiben ihrer ursprünglichen Richtung am meisten getreu und legen in dieser den längsten Weg zurück. Sie ziehen gestreckt längs der Hirnbasis nach vorn bis zum grauen Hügel. Hier zerstreuen sie sich. Ihre äussersten Randfasern schlagen sich auf die Seite und treten in die beiden Sehhügel ein. Die mittlern Fasern eines jeden Stranges nähern sich einander gegenseitig, sich nach vorn und einwärts biegend, und treffen sich in der Sehnervenkreuzung, an deren Bildung sie einen wesentlichen Antheil nehmen. Die innersten Fasern jedes Stranges endlich ziehen gerade nach vorn, durchsetzen die letzterwähnten einwärts geschwungenen Fasern zum

Theil, theils gehen sie unter ihnen wie unter einer Bogenbrücke durch und gelangen zu den Hemisphären des Grosshirns.

Die Uebereinstimmung dieser Faserzüge in ihrer Richtung mit den Ausstrahlungen des Markstammes im menschlichen Gehirn, wie wir sie aus den spärlichen Resultaten der bisherigen Faserungslehre im Groben kennen lernen, muss jedem auffallen. Auch dort werden die vordern Rückenmarkssträge zur Grundlage der Hemisphären, die Seitensträge gelangen in's Mittelhirn, und die hintern in's kleine Gehirn. Wenn man an ihre mannigfaltigen Durchkreuzungen und gegenseitigen Versetzungen im verlängerten Mark und Gehirnstamm denkt, so ist diese endliche Uebereinstimmung, die uns auf vergleichend anatomischem Gebiete fortwährend überrascht, desto bemerkenswerther. Zum Zwecke einer nähern Vergleichung lasse ich beispielsweise folgende kurze Notizen von Ed. Weber * folgen, über die Ausstrahlungen der motorischen Stränge:

„Die Fortsetzungen der beiden vordern Rückenmarkssträge entfernen sich in der Medulla oblongata, wo sie mit ihren Bündeln jederseits die Oliven einschliessen, nach beiden Seiten von einander, und nehmen die seitlichen Stränge (welche zwischen vordern und hintern Wurzeln liegen) zwischen sich,

* A. a. O.

die ihrerseits durch eine plötzliche Beugung einwärts und vorwärts in den durch das Auseinanderweichen der vordern Stränge vergrösserten Raum der vordern Rückenmarksspalte eintreten, ihn erfüllen und, nachdem sie sich daselbst mit einander durchkreuzt haben, den Namen der Pyramiden erhalten. Die Fortsetzungen der vordern Rückenmarksstränge (Olivenstränge) gehen, während die Pyramidenstränge oder die Fortsetzung der Seitenstränge zwischen den Bündeln der Brücke durchgehen, hinter der Brücke weg, liegen hier am Boden der vierten Hirnhöhle wieder dicht neben einander und steigen von da zu den Vierhügeln in die Höhe, welche daselbst unmittelbar auf ihnen aufliegen. Zu diesen Strängen nun, und zum Theil bis zwischen ihre Bündel hinein, habe ich fast sämmtliche motorische Hirnnerven verfolgt, mit völliger Sicherheit den N. oculomotorius, die kleine Wurzel des Trigeminus und den Hypoglossus, mit weniger Sicherheit bis jetzt den N. abducens und facialis. Nur der vierte Hirnnerv, der von der Valvula cerebelli entspringt, macht, aber wohl nur scheinbar, eine Ausnahme, da auch die Valvula cerebelli am hintern Rande der Vierhügel dicht mit jenen Strängen zusammenhängt."

Diese Mittheilungen von Weber enthalten nichts, was den meinigen widersprechen würde, und dienen im Gegentheil zu ihrer Bestätigung; dass aber seinen

Entdeckungen eine ziemlich enge Schranke gesetzt war, ist der dabei befolgten, nur zu beliebten, Untersuchungsmethode zuzuschreiben, welche überall, wo sie angestellt wurde, nur Bruchstücke, nichts Uebersichtliches geliefert hat. Weber konnte die motorischen Stränge nur bis an die Basis der Vierhügel verfolgen, ihr weiterer Verlauf blieb ihm unbekannt.

Die Ausstrahlung der Rückenmarksstränge ins Gehirn bei den Froschlarven beschreibt Herr Prof. Engel * wie folgt:

„Das Zerfallen der Rückenmarksstränge, so wie die Kreuzung einiger derselben, erfolgt nicht im Rückenmarke, sondern im Gehirne, und zwar den hintern oder Vierhügellappen, und an dieser Vertheilung oder Kreuzung nehmen nicht alle, sondern nur die eigentlichen Längsfasern des Rückenmarkes Theil, während die motorischen Wurzeln der Rückenmarksstränge schon hinter diesen Vierhügellappen ihr Ende erreichen. Nach dem Durchtritte durch den Pons zerfallen die feinen eigentlichen Längenfasern des Rückenmarkes innerhalb der Masse des Vierhügellappens in 4 — 6 deutlich von einander geschiedene Stränge in jeder Hälfte des Gehirns. Die beiden innersten dieser Stränge, welche entgegengesetzten Rückenmarkshälften angehören,

* A. a. O.

kreuzen sich; die übrigen Stränge zerfallen in eine
Menge von divergirenden Fasern, welche nach
einem mehr oder weniger geschwungenen Verlaufe noch innerhalb der Masse der Vierhügellappen
ihr Ende erreichen. Mehrere von diesen Fasern
vereinigen sich wieder, um sich als Sehstreifen
fortzusetzen, welche sich im Chiasma vollständig
kreuzen, um als Sehnerven an den Ort ihrer Be-
stimmung zu verlaufen. Es ist äusserst interessant,
dass der Sehnerv eine unmittelbare Fortsetzung
der eigentlichen Rückenmarksfasern ist, was — so
viel ich erkennen konnte — von keinen andern
Hirnnerven gilt."

Es liegt uns nun ob, das endliche Schicksal dieser ins Gehirn einstrahlenden Rückenmarksfasern
zu erforschen, was am besten gleichzeitig mit der
specialen Beschreibung der einzelnen Hirntheile geschieht. Wir werden dabei vielfältige Gelegenheit
haben, die so eben angedeuteten Analogieen einer
genauern Würdigung zu unterwerfen.

II. Das Gehirn.

Die schwierigsten Punkte der Untersuchung, welche sich in einer Arbeit, gleich der vorliegenden, darbieten, sind die, welche aus dem relativen Verhalten zwischen grauer und weisser Substanz, oder mikroskopisch ausgedrückt, zwischen Zellen und Fasern, hervorgehen. Den Gang und die Richtung der Faserzüge anzugeben, ist zwar nicht so leicht, doch lässt sich dieser Gegenstand beherrschen. Die Schwierigkeiten beginnen aber in vollem Masse, wenn man, am Schlusse eines Faserzuges angelangt, die Endigung desselben, seine muthmassliche Verbindung mit Zellen, Kernen u. dgl. mehr angeben soll. Jede derartige Angabe, wenn sie mit Sicherheit gemacht werden könnte, wäre den grössten Entdeckungen in unserer Wissenschaft gleichzusetzen. Mit dieser hohen Bedeutung steht aber die Schwierigkeit der Arbeit im geraden Verhältniss. Im Rückenmarke gab es wenige solcher Stellen, im Gehirne dagegen häufen sie sich in solchem Masse, dass jeder Schritt der Erkenntniss mit unsäglichen Schwierigkeiten verknüpft ist, so dass es verzeihlich ist, wenn man in diesem Theile noch häufiger als im Rückenmarke sich genöthigt sieht, Vieles nur unbestimmt auszudrücken und einige der fruchtbarsten Stellen dieses schönen Feldes brach stehen zu lassen. Ohnehin sind zu irgend

5 *

einer genügenden Bearbeitung dieses bis jetzt so
räthselhaften Gebietes weit mehr Zeit und Hülfsmittel
erforderlich, als mir gegönnt waren.

So möge man denn diesen zweiten Hauptab-
schnitt mehr als blossen Anhang zu dem Voraus-
gegangenen betrachten, für dessen weitere Bearbeitung ich mir sehnlichst die eben genannten
Requisite wünsche.

Die schon oft gemachte Bemerkung, dass bei
niedern Thieren das Gehirn auf einer auffallend tiefen
Stufe der Entwickelung steht, auffallend tief nicht
nur in absoluter, sondern auch in relativer Beziehung
zur Ausbildung der übrigen Körpertheile und besonders des Rückenmarks, findet in der Betrachtung
der mikroskopischen Structur desselben bei solchen
Thieren, wie bei den Reptilien, eine frappante Bestätigung. Dieser Bestätigung bedurfte aber jener
Ausspruch, weil er bisher nur auf äusserliche Beobachtungen, die sich mit Massen− und Gewichts-
verhältnissen und dem mehr oder weniger com-
plicirten Auftreten der äussern Form beschäftigten,
basirt war, sammt und sonders auf unzuverlässige
Criterien. Die qualitative Ausbildung des Gehirns
hat aber ohne Zweifel den grössten Einfluss auf
seine functionelle Vollkommenheit. Die niedrigsten
Verrichtungen des Gehirns sind die, welche in der
nächsten Beziehung zu denen des Rückenmarkes
stehen, mit ihnen nur eine combinirte Action aus-

machen. Die solchen Verrichtungen vorstehenden
Organe haben, wie sich schon a priori annehmen lässt, auch anatomisch viel innigere Verbindungen mit dem Rückenmark, als die Gehirnorgane,
welche einer grösstentheils in sich abgeschlossenen,
selbstständigen Function vorstehen. Fehlen ihm aber
Organe wie die letztern, und wird es nur von solchen, die der erstern Kategorie angehören, zu-
sammengesetzt, so stellt es eigentlich nichts als
eine Art Nebenorgan des Rückenmarkes, ein An-
hängsel desselben dar. Vom anatomischen Standpunkte aus wäre also ein Gehirn um so voll-
kommner, je zahlreicher in ihm, ausser den vom
Rückenmark hereintretenden Nervenfasern und den
zu letztern gehörigen Ganglien- oder Kernmassen
noch eigene selbstständige Gruppen von Fasern
nebst Ganglienzellen oder freien Kernen auftreten.
Diess angenommen, so finden wir, dass solche
selbstständige Gruppen den Reptilien und den
niedern Thieren überhaupt fast ganz fehlen. Der
Frosch scheint nur zwei derselben zu besitzen,
welche stark ausgebildet sind und sich deutlich
nachweisen lassen, und zwar constituiren dieselben
nur zwei Sinne, den Gesichts- und Gehörsinn.
Ausser den Faserzügen, welche zu diesen Organen
gehören, beschränkt sich die ganze weisse Masse
des Gehirns, so scheint es mir wenigstens bis
jetzt, auf die vom Rückenmarke her eindringenden

Faserstrahlungen. Diese Armuth spricht sich am auffallendsten im Grosshirn aus, welches in seinen Hemisphären nur zwei dünne Faserzüge besitzt. Zur Construction eines Centralorgans der Nerventhätigkeit scheint aber nach den jetzigen Kenntnissen die Mitwirkung von Fasern, den Trägern der Nervenleitung, nothwendig zu sein, denn wir können uns kein einziges Seelenvermögen denken, welches eine ganz selbstständige, von allen Einflüssen abgeschlossene Thätigkeit besässe; alle stehen entweder unter dem Einfluss von Anregungen, welche ihnen von Aussen, vermittelst der Sinnesorgane, zugeführt werden, oder sie selbst sind dazu bestimmt, den Anstoss zu einer nach Aussen gerichteten Thätigkeit zu geben; öfters ist beides zu gleicher Zeit der Fall. Immer aber sind zur Vermittelung dieser, sowohl centripetalen als centrifugalen Relationen, das beweisen uns alle Analogieen, die Nervenröhrchen unerlässlich. Nicht zu vergessen ist hiebei, dass dazu nicht ein ununterbrochener Verlauf der Fasern nothwendig ist, sondern dass auch eine aneinanderhängende Kette von Fasern denselben Dienst versieht.

Bei meiner Untersuchung des Gehirns werde ich nach dem bisher befolgten Schema die einzelnen Theile in ihrer Reihenfolge von hinten nach vorn vornehmen.

1. Das Kleinhirn.

Diesen Namen trägt bei den Batrachiern der, am vordern Ende des Rückenmarkes über die Rautengrube gespannte, Querbalken aus graulich weisser Marksubstanz, welcher auch nicht eine Spur von Hemisphären erkennen lässt, sondern nur mit dem Mittelstücke des Kleinhirns höherer Thiere annähernd verglichen werden kann. Schon von Aussen erkennt man, dass es in inniger Beziehung zu den obern Rückenmarkssträngen steht, und sich als verbindendes Mittelstück zwischen beide hineinpflanzt. Vermöge dieses Verhaltens zu den sensiblen Rückenmarkssträngen und zufolge seiner Lage entspricht es allerdings vollkommen dem Kleinhirn der höhern Thiere, und muss als erste Anlage zu dem vollkommnern Bau desselben betrachtet werden. Belege hiefür finden wir in der Entwickelungsgeschichte des menschlichen Gehirns. Am Schlusse des zweiten Monats nämlich erheben sich daselbst die strickförmigen Körper in Gestalt zweier Blättchen, welche sich einwärts krümmen, gegen einander streben, und im Laufe des dritten Monats in Eins verschmelzen, so dass sie die vierte Hirnhöhle als solide Brücke überwölben; in diesem Zeitraum ist das Kleinhirn vollkommen glatt, ohne Furchen, und zeigt noch keine Spur von den Hemisphären; im vierten Monat trennen sich einige Fasern von ihm los, und schlagen sich nach vorn und unten um die Pyramidenstränge,

wodurch die Aehnlichkeit mit dem Froschhirn vollkommen wird. Während das menschliche Kleinhirn
von da an seine weitern Entwickelungsepochen in
bekannter Weise durchläuft, bleibt das des Frosches
auf dieser Stufe der Ausbildung stehen. Aus dieser
interessanten Uebereinstimmung lässt sich der Schluss
ziehen, dass das Kleinhirn der Batrachier sich in
dem menschlichen als Grundzug wieder finden muss,
wenn man auch zu unserm Troste beifügen kann,
dass diese Grundlage daselbst von der reichen se-
cundären Ausstattung, wie in einem Dome die
Strebebalken von den Zierathen, weit überragt und
in Schatten gestellt wird. So stösst man bei jedem
Schritte auf neue Beweise zu Gunsten jenes wichtigen Satzes in der vergleichenden Anatomie, dass
die niedrigern Thierclassen in sich die wesentlichen
Grundtypen der höhern Thiere enthalten, und dass
man somit, um die wesentlichen und durchgreifenden
Bildungen von den mehr zufälligen, individuellen zu
unterscheiden, in der Untersuchung jener die besten
Aufschlüsse und vollgültigsten Analogieen findet.

Merkwürdig ist das constante Wechselverhält-
niss, das zwischen der Ausbildung des Kleinhirns
und der Brücke existirt. Die Entwicklung der letztern, und namentlich ihrer Verbindungsarme mit
dem Kleinhirn (der sogenannten mittlern Kleinhirn-
schenkel) richtet sich durchgehends genau nach der
Mächtigkeit der Hemisphären des Kleinhirns, und

bei den Thierklassen, welchen letztere mangeln
(Fische, Reptilien, in einzelnen ihrer Species),
sind die mittlern Kleinhirnstiele und die Querfasern
der Brücke nur in minimo vorhanden. Ein Irrthum
ist es aber, wenn man wie gewöhnlich sagt, dass
diese Organe den betreffenden Thieren ganz fehlen;
Faserzüge, welche ihnen entsprechen, sind allerdings vorhanden, wie weiter unten gezeigt werden
soll, nur nicht in der Masse, um bedeutende, dem
unbewaffneten Auge entgegenspringende Hervor-
ragungen zu bilden, wie diess bei den Säugethieren
der Fall ist. Auch bei den Säugethieren, welche im
Verhältniss zum Mittelstück schwache Hemisphären
besitzen, wie die Nager, bildet die Brücke nur
eine unbedeutende bandartige Hervorragung. Am
stärksten finden wir die mittlern Kleinhirnstiele und
die Brücke beim Menschen entwickelt, welcher auch
die umfangsreichsten Kleinhirnhemisphären besitzt.
Diese Verwandtschaft beider Theile zeigt sich auch
auf pathologischem Felde; wir finden, dass die
Entwicklungshemmung des einen Organs ein ähn-
liches Zurückbleiben in der Entwicklung des andern
zur Folge hat. Dahin gehört z. B. der von Cruveilhier
erzählte Fall von einem zehnjährigen Mädchen ohne
Kleinhirn: es fehlte ihm auch die Brücke. Diese
Thatsachen waren den frühern Beobachtern nicht
entgangen; Willis * hat schon darauf aufmerksam ge-

* De cerebri anatome etc. Amstelodami, 1683. cap. X.

macht, aber erst Gall * sah sich dazu bestimmt, diese Organe, welche anatomisch so eng verbunden sind, als zusammengehörig zu betrachten, und nannte desswegen den oberflächlichen Theil der Brücke, welcher aus Querfasern besteht, eine Querverbindung des kleinen Gehirns. Dass diese Anschauungsweise die vollkommen richtige ist, wird aus dem Folgenden erhellen.

Das Kleinhirn der Batrachier enthält, wie schon seine Farbe zeigt, sowohl weisse als graue Substanz, welche nicht in besondere Schichten separirt, sondern durchaus vermengt und in Gestalt von Fasern und freien Kernen durch's ganze Organ verbreitet sind.

Die graue Substanz ist als dem Kleinhirn eigenthümlich zu betrachten. Die weisse verdankt ihren Ursprung zwei paarigen Faserzügen, welche ihr von aussen zukommen, und einen ganz verschiedenen Ursprung ausweisen.

Der erste Faserzug wird vom hintern Rückenmarksstrange gebildet. Nach ihrem Eintritte lösen sich diese Fasern auf, setzen ihren Lauf in querer Richtung gegen die Mittellinie hin fort, und verschwinden allmälig einzeln an verschiedenen Stellen des Kleinhirns. Ein Theil gelangt bis über dessen Mittellinie hinaus, und kreuzt sich mit denen, welche

* Anatomie et physiologie du système nerveux, Paris 1810, I. 1.

von der entgegengesetzten Seite her aus dem andern Strang herüberkommen. Directe Verbindungen zwischen einzelnen Fasern der zwei verschiedenen Lager habe ich nicht bemerkt, und so sah ich auch keine Endumbiegungsschlingen. Zwischen die Fasern lagern sich die Elemente der grauen Substanz, namentlich sieht man freie Kerne massenhaft zwischen die Faserenden eingestreut, jedoch ohne directe Communication zwischen beïden. Die Fasern beobachten eine wellenförmige Richtung, und bilden ein sanft verschlungenes Netz mit flachen Bogen.

Der zweite Zug von Fasern, dessen Zufuhr aber viel schwächer ist als die des ersten, bildet eine Schlinge um das Hirnende des Rückenmarkes, deren beide Enden, oder Ursprungstheile, wie man will, sich von jeder Seite ins Kleinhirn einsetzen. Im Mittelstück dieser Schleife, welche an der Basis gelegen die Stelle des Pons einnimmt, lockern sich die Fasern, und bilden, obwohl von geringer Mächtigkeit, durch Ausbreitung über die Fläche, ein breites Band, welches einen beträchtlichen Theil der Hirnbasis und der untern Fläche des verlängerten Markes umfasst. Bei ihrer geringen Anzahl und starken Ausbreitung vermögen sie daselbst keine Hervorragung zu bilden. Die beiden Enden der Faserschlinge verdichten sich jedoch, und die Fasern treten zu einem Bündel gesammelt ins Kleinhirn.

indem sie sich an die vordere Seite der hintern Rückenmarksstränge anschmiegen. Im weitern Verlaufe vermischen sie sich mit den Fasern der letztern, und lassen sich in Betreff der Endigungsweise nicht von ihnen unterscheiden.

Diese Faserschleife vertritt die Stelle des Pons und seiner Verbindungsarme mit dem Kleinhirn. Ihre geringe Mächtigkeit ist, wie die Analogie lehrt, dem Mangel des Kleinhirns an Hemisphären zuzuschreiben. Es scheint, dass im Falle des Vorhaudenseins der letztern die Fasern der Brücke sich jederseits in zwei Bündel spalten, welche bei ihrem Einsatz in's Kleinhirn divergiren, und wovon eines nach innen zieht und eines nach aussen. Die Ausbreitung des ersten bildet das Mittelstück des Kleinhirns, die des letztern die Hemisphären. Die hintern Rückenmarksstränge scheinen weniger Antheil an der Bildung der Hemisphären zu haben. Wenn man daraus schon functionelle Folgerungen ziehen darf, so möchte dem Kleinhirn in der Hauptsache eine doppelte Bedeutung zuzuschreiben sein, 1) eine centripetale, als Perceptionsorgan für gewisse sensible Wahrnehmungen, in Folge seiner Eigenschaft als Herd der obern Rückenmarksstränge; 2) eine centrifugale, als Anregungsorgan für eine Reihe von motorischen Thätigkeiten, welche vermittelst der Brücke zu den vordern Rückenmarkssträngen hingeleitet werden. Es lässt sich denken, dass diese zwei sich kreuzenden Eigenschaften nur die zwei Pole einer Thätigkeit bilden, da die Perception der peripherischen Sensibilität zu einer geregelten Leitung der meisten motorischen Thätigkeiten nothwendig scheint. An diese zwei Hauptvermögen dürften sich dann freilich beim Menschen noch andere, aber weniger capitale Zusätze und Variationen des schon Bestehenden anlehnen. Die Funktion des Kleinhirns ist bekanntlich noch ein Räthsel. Gelänge es, die zwei angedeuteten Hauptverrichtungen auch nur annähernd zu bestimmen, was bei consequent auf die Hauptsache gerichteter Forschung nicht allzu schwer scheinen sollte, so wäre schon ein grosser Schritt in diesem Gebiete zurückgelegt.

Beim Frosch geht das Kleinhirn keine weitern Verbindungen ein; namentlich existirt keine Spur von Bindearmen zu der Vierhügelmasse. Dieser Mangel ist um so mehr zu bemerken, als beim Menschen diese Bindearme allein den Zusammenhang des Grosshirns mit den sensiblen Rückenmarkssträngen vermitteln. Beim Frosch begeben sich also alle sensiblen Rückenmarksfasern ins Kleinhirn und enden daselbst.

Bei der Froschlarve ist das Kleinhirn seiner spätern, bleibenden Einrichtung, wie sie so eben angegeben wurde, schon ziemlich nahe; diess erhellt aus folgenden von Herrn Professor Engel * ermittelten

* A. a. O. S. 118.

Thatsachen: „An dem vordersten Ende des Rückenmarkes, das man gewöhnlich mit dem verlängerten
Marke der Säugethiere vergleicht, tritt zu den innern
oder eigentlichen Querfasern des Rückenmarkes noch
eine zweite Querfaserschichte, die jedoch an der
Oberfläche des Rückenmarkes liegt. Sie scheint das
ganze Rückenmark ringförmig zu umschliessen, und
vertritt sonach an der untern Fläche die eigentliche
Schichte der Brückenfasern des Säugethierhirns; an
der obern Fläche bildet sie jene quere Commissur,
die hinter den Vierhügellappen gelegen, und als
kleines Hirn gedeutet wird. Solche Deutungen sind
jedoch oft etwas willkürlich. Es fehlt dem sogenannten Kleinhirne Alles, um Kleinhirn zu sein; es fehlt
die Verbindung dieses Kleinhirns mit einer Medulla
oblongata, mit dem Grosshirne, es fehlt die graue
und die Ganglienmasse, und es bleibt daher nichts,
als die Lage dieses sogenannten Kleinhirns an dem
vordern Ende der Rautengrube. Es wird aber eine
Zeit kommen, wo in der vergleichenden Anatomie
die Hirntheile nicht nach ihrer Lage, sondern nach
dem Systeme ihrer Faserung gedeutet werden müssen, wenn überhaupt die Deutung eine wissenschaftliche genannt werden soll. Von diesem Standpunkte
aus betrachtet, ist aber das sogenannte kleine Hirn
der Froschlarven entweder eine einfache Quercommissur an den sogenannten Vierhügellappen, oder eine
nach aufwärts sich erstreckende Brückenschichte."

Später tritt freilich das Kleinhirn in eine nahe
Beziehung zum verlängerten Marke, oder vielmehr
zu dem ihm entsprechenden Theile des Rückenmarkes; auch entwickelt sich in ihm die Ganglienmasse. Immer bleibt es aber völlig getrennt von
den Vierhügellappen und vom Grosshirn, und be-
hält überhaupt den angegebenen höchst unvollkom-
menen Bau.

2. Die Vierhügelmasse.

Sie übertrifft an relativer Grösse die Vierhügel
der Säugethiere bei weitem. Einen grossen Antheil
an diesem bedeutenden Volumen hat freilich die
Sylvius'sche Wasserleitung, welche zu einer grossen
Höhle entwickelt ist. Letztere verengt sich in der
Mitte, und buchtet sich zu zwei geräumigen Seiten-
höhlen aus. Dadurch erhält die Vierhügelmasse,
welche als einfache Rinde diese Cavitäten einfasst,
ihre doppelkuglige Form. Indessen beweist doch die
mikroskopische Struktur dieses Hirntheils, dass er,
wenn einige anatomische und functionelle Analogie
mit den Vierhügeln der Säugethiere diese Benennung
rechtfertigt, seinen Namen nicht ganz mit Unrecht
trägt.

Die Vierhügelmasse ist das Aufnahmsorgan für
die Seitenstränge des Rückenmarks. Jeder Seitenstrang zieht auf seiner Seite der ihm entsprechenden
Vierhügelhälfte entgegen, durch einen Ring hin-

durchtretend, welcher von dem Kleinhirn und den Brückenfasern gebildet wird, lockert sich etwas auf, biegt sich nach aussen und oben und senkt sich in mehreren Büscheln in sein Aufnahmsorgan ein. Nach seinem Eintritt lässt er seine Fasern sich zerstreuen und peripherisch ausbreiten. Die Fasern halten sich zahlreicher in der Mitte der Dicke der Vierhügel-schalungen, als an ihrer äussern oder innern Wand, daher jene durch grössere Opacität und weisse Farbe von diesen absticht. Zuweilen sieht man eine beträchtliche Zahl von Fasern sich in ein Büschel zusammen drängen und gemeinschaftlich ihrem Schlusse entgegenziehen. Man muss aber solche Büschel wohl unterscheiden von andern Faserzügen, welche in der Vierhügelmasse selbst ursprünglich auftauchen.

In der Vierhügelmasse finden wir freie Kerne in bedeutender Zahl abgelagert. Sie halten sich mehr an der äussern und innern Wand auf, welchen sie eine grauliche Färbung ertheilen. Im Ganzen herrscht viel Aehnlichkeit zwischen der Art, wie die Vierhügelmasse die Seitenstränge und der, wie das Kleinhirn die obern Rückenmarksstränge aufnimmt. Wie letztere im Kleinhirn, so treffen auch die Seitenstränge in ihrem Organ ein Stroma von Kernen, wo sie ihre Endausbreitung vornehmen. Sie unterscheiden sich dagegen dadurch, dass sie keine gegenseitigen netzförmigen Verflechtungen vornehmen, und sich von den freien Kernen mehr separirt halten. Im übrigen halte ich dafür, dass die Endigung auf ähnliche Weise wie dort eintritt. Ich suchte beharrlich nach Faserschlingen, welche nach ihrem Eintritt die Runde längs der Peripherie der Vierhügelmasse machten, und nach ununterbrochenem Verlaufe wieder austräten, konnte aber keine finden. Vor solchen Täuschungen muss man sich an diesem Orte doppelt in Acht nehmen, da dessen Kugelgestalt den Fasern eine kreisförmige Richtung mittheilt, welche die so oft gesuchten und überall gewitterten Endschlingen täuschend simulirt.

Die Vierhügelmasse tritt ihrerseits als Aussendungsorgan für neue Faserzüge auf. Man unterscheidet zwei Paare, welche einen sehr symmetrischen Ursprung und Verlauf einhalten. Das erste Paar zieht an der obern Wand jeder Halbkugel, nahe bei der Mitte, nach vorn bis zum Sehhügel, wendet sich dann nach aussen, und schlägt sich um die äussere Seite der Sehhügel nach vorn, und unten gegen die Sehnervenkreuzung. Das zweite Paar zieht in der untern Wand der Vierhügellappen nach vorn und innen, nähert sich dem an der Hirnbasis angelangten ersten Bündel und legt sich an dessen innern Saum. Beide ziehen nun gemeinschaftlich zum Chiasma nerv. optic., welches sie hauptsächlich bilden.

An ihrem Ursprung treten diese Bündel plötzlich in ziemlicher Stärke auf, denen sich im weitern Verlaufe fortwährend noch einzelne Fasern spätern

Ursprungs anlegen. Die Anfänge der Fasern sind
äusserst fein, und ihr Uebergang zu einem stärkern
Caliber nur allmälig.

Zwei Umstände verdienen also bei Betrachtung der
Vierhügelmasse besondere Aufmerksamkeit. Erstens
ihre Beziehung zu den Seitensträngen des Rückenmarks, als ihr Aufnahmsorgan, welche wir mit der
eigenthümlichen, noch ziemlich dunkeln Bedeutung der
Seitenstränge zusammen stellen; die letztere wird
namentlich durch den in ihnen stattfindenden Ursprung einer Reihe von Nerven charakterisirt, welche
ganz besondere, specifische Eigenschaften haben.
Zweitens die nahe Beziehung der Vierhügelmasse
zum Sehorgan, als dessen Centrum man sie füglich
betrachten darf. Den Seitensträngen des Rückenmarkes lassen sich bekanntlich bis jetzt keine posi-
tiven Eigenschaften zuweisen. Man weiss nur, dass
sie nicht sensibel, und vermuthet bloss, dass sie
motorisch sind. Ihre oben dargestellte Endigungsweise beim Frosch, verbunden mit ihrer nahen
Beziehung zum Sehorgan, dürften behufs Erfor-
schung ihrer Funktion sehr beachtenswerthe Umstände sein.

Diese beiden Eigenschaften der Vierhügel begründen auch ihre Analogie mit den Vierhügeln der
Säugethiere. Dass letzteres Organ mehr Anspruch
darauf machen kann, das Centrum des Gesichtssinnes
zu sein, als selbst die Sehhügel, ist bekannt. Aber

auch die Seitenstränge des Rückenmarks treten mit ihm in eine direkte Verbindung. Ein beträchtlicher Theil ihrer Fasern senkt sich in selbiges ein; freilich enden sie nach den Autoren daselbst nicht, sondern ziehen weiter zur Haube, wo man sie aus den Augen verliert. Wenn man diesen Angaben Glauben schenken soll, wiewohl sie nichts weniger als genau sind und einer unsichern Untersuchungsmethode ihren Ursprung verdanken, so muss man annehmen, dass die Vierhügelmasse der Reptilien nicht nur die Vierhügel der Säugethiere, sondern einen beträchtlichen Theil des Mittelhirns, die Gegend der Haube u. s. w. repräsentirt, was auf ihre unverhältnissmässige Ausbildung passen würde. Ob auch einige sensible Fasern in sie münden, wie bei den höhern Thieren, kann ich nicht entscheiden, indess ist solches sehr leicht möglich.

3. Die Sehhügel.

Wie sich die Vierhügelmasse zum Sehorgane und zu den Seitensträngen des Rückenmarkes verhält, so verhalten sich die Sehhügel zum erstern und zu den vordern Strängen. Wie letztere sich in die Sehhügel einsetzen, ist schon früher gesagt worden. Hier bleibt nur übrig, das endliche Loos ihrer Fasern zu erörtern.

Nach ihrem Eintritt breiten sich die Fasern aus und erfüllen das ganze Organ, das im Verhältniss zu der Zahl der einströmenden Elemente nur ein geringes Volumen besitzt. Das Vorwiegen der Fasern zeigt sich in der opak-weissen Farbe, welche von der der Vierhügelmasse absticht. Nachdem sich die Fasern fächerförmig ausgebreitet, enden sie ganz wie die Fasern der Seitenstränge in der Vierhügel-masse, nämlich indem sie ohne Regelmässigkeit an den verschiedensten Punkten des Organs aufhören.

Die Sehhügel tragen dann zur Bildung der Tractus optici wirksam bei. Die dazu bestimmten Fasern entspringen im ganzen Umfange der Seh-hügel, nicht in einzelnen separirten Büscheln. Sie ziehen sämmtlich convergirend in transverseller Richtung nach einwärts, sammeln sich zu einem Bündel, welches sich dann an den von der Vier-hügelmasse einherziehenden Hauptzug anlegt, und denselben zu der Sehnervenkreuzung begleitet.

Die innere Armuth dieses Organs fällt in die Augen, und so hält es denn auch mit den Thalami optici der Säugethiere nur einen sehr unvollkom-menen Vergleich aus. Wir haben im ganzen Gange dieser Untersuchungen bemerken können, wie diese Unvollkommenheit von hinten nach vorn beständig zunahm. Am meisten spricht sich dieser Umstand aber in den Grosshirnlappen aus.

4. Hemisphären des Grosshirns.

Wie karg sie ausgestattet, erkennt man schon an der Einfachheit ihrer Verbindungen. Sie stehen

nur mit dem Rückenmarke in einer deutlich erkenn-
baren Faserverbindung, und zwar nur mit dem
motorischen Theile desselben.

Die Grosshirnlappen nehmen einen Theil der vordern Rückenmarksstränge in sich auf. Es begeben
sich vorzüglich die feinern Fasern dieser Stränge
dahin. Sie bilden ein nicht sehr beträchtliches Bündel,
welches an der Basis des Gehirns zwischen den
Sehhügeln in vollkommen gerader Richtung nach
vorn zieht, und die Grosshirnlappen betritt. Beide
Bündel ziehen ziemlich central nach vorn, nur durch
die mittlere Längsspalte von einander getrennt.
Bevor sie die vordere Hälfte der Hemisphären erreichen, enden sie, indem die Fasern fast zu
gleicher Zeit abgesetzt erscheinen. Die freien Kerne
lagern sich in grosser Zahl in ihre Umgebung und
in die Interstitien der Fasern hinein. Die weisse
und graue Substanz ist somit an diesen Orten genau
gemengt. In den peripherischen Schichten aber und
in den vordern Hälften der Lappen trifft man (mit
einer gleich anzugebenden Ausnahme) die Kerne fast
ausschliesslich und in zahllosen Massen abgelagert.

Wenn man den Begriff Ganglion auf eine Mengung
von grauer und weisser Substanz anwendet, so sehen
wir also, dass das Grosshirn beim Frosch sehr arm
ist an solchen Ganglien. Ausser den erwähnten finden wir nur noch Eines, welches ganz vorne liegt.
Es ist das Organ des Geruchssinnes.

Die Fasern, welche die Riechstreifen zusammen-
setzen, entspringen beidseitig in dem vordersten
Theile der Hemisphären in den beträchtlichen Anschwellungen zu beiden Seiten der vordern Commissur, welche Tubercula olfactoria genannt werden.
Sie sammeln sich an der innern Wand, welche die
Cavitäten dieser Höcker einschliesst, und bilden
zwei Bündel, welche an den vordern Spitzen der
Hemisphären zum Vorschein kommen, und gestreckt
als Nervi olfactorii nach vorn ziehen. Diese Nerven
besitzen ein äusserst starkes Neurilem, welches
eben so starke Fortsätze als secundäre und tertiäre
Faserscheiden nach innen sendet. Die Fasern selbst
sind von einer höchst merkwurdigen Beschaffenheit,
platt gedrückte helle Fäden, welche dem Zellgewebe
weit mehr ähneln, als normalen Nervenröhrchen.
Es steht selbst in Frage, ob sie hohl sind; Varices
bemerkt man nie an ihnen, und es lasst sich kein
Mark heraus drücken. Kurz, auf sie passt völlig
der Begriff von vegetativen Nervenfasern, und wenn
demselben an andern Orten irrige Ansichten zu
Grunde liegen, so ist diess wenigstens hier nicht
der Fall.

Ausser diesen zwei Ganglien treten in dem
grossen Gehirn keine weitern Fasern auf, die in
bestimmter Richtung verlaufen, und charakteristische
Gruppen darstellen. Alles ist eingehüllt und ausge-
füllt von einem reichen Aggregate von freien Ker-

nen. Auch die rundlichen Anschwellungen, die unter dem Namen Streifenhügel in die Seitenventrikel hineinragen, entbehren der Fasern, und stehen somit in keiner Verbindung mit andern Organen, sind daher auch keine Ganglien, sondern nur eine Andeutung der bei den höhern Thieren bestehenden Bildung. Die Wände der Seitenventrikel sind mit einem Ependyma aus Cylinderepithelium ausgekleidet.

5. Die Nervi optici.

Wie aus der Darstellung der verschiedenen Gehirntheile erhellt, stehen diese Nerven mit zweien derselben in bestimmtem Nexus, nämlich mit der Vierhügelmasse und mit den Sehhügeln; ferner mit dem Rückenmark. Es ist diess ein auffallender Umstand, welcher mit der angedeuteten Natur dieser Centraltheile sich nicht vereinen lässt und mit unsern angestammten Ideen über den Gegensatz zwischen sensibler und motorischer Natur der Centraltheile, und über den Charakter der Sinnesnerven, die wir mehr mit erstern als mit letztern zusammenzustellen pflegen, in grellem Contraste steht. Es stand zu erwarten, dass der Sehnerv die engste Beziehung zu den Centralpunkten der Sensibilität haben müsse. Statt dessen finden wir, dass er seine Factoren theils aus Organen schöpft, die nur Fasern aus den vordern, motorischen Rückenmarkssträngen erhalten, theils aus dem Aufnahmsorgan der Seitenstränge; was schon erklärlicher scheint, obwohl man diese Stränge mehr mit den untern als den obern Strängen, in Betreff ihrer Natur, zusammenzuhalten gewohnt war. Sein Zusammenhang mit den motorischen Strängen, wenn er sich bestätigen sollte, ist besonders auffallend, und läuft in doppelter Beziehung den Regeln, welche wir sonst im Centralnervensystem antreffen, zuwider: fürs erste wäre es das einzige Beispiel von einem unmittelbaren Uebergang eigentlicher Rückenmarksfäsern in peripherische Nerven; zweitens wäre es ein Widerspruch gegen das Gesetz, wonach alle Rückenmarksnerven die Function der Stränge übernehmen, in welchen sie wurzeln.

Alle diese Verhältnisse öffnen uns ein weites Feld von Betrachtungen, welche jedoch in dieser Arbeit zu weit führen würden und für eine spätere Gelegenheit mögen vorbehalten bleiben.

Die verschiedenen aufgezählten Wurzeln der Sehnerven gelangen in der Ordnung, in welcher sie entspringen, bis zum Chiasma, verlassen sie aber daselbst und vermischen sich gegenseitig. Ich glaube auch mehrere Male eine Kreuzung derselben beobachtet zu haben, wonach die gewöhnliche Annahme, dass den Reptilien die Sehnervenkreuzung fehle, einer Berichtigung bedürfte.

6. Der Hirnanhang.

Dieses Organ ist bei den Reptilien sehr ausgebildet und gibt Gelegenheit zu einer kleinen
Revision der verschiedenen Ansichten, welche darüber geherrscht haben, und erst in neuerer Zeit
durch richtigere Urtheile verdrängt worden sind.

Schon bei den Säugethieren ist der Hirnanhang
verhältnissmässig grösser als beim Menschen, und
bei einzelnen niedern Thieren erwächst er zu einem
ganz unverhältnissmässigen Umfang.

Seine Function ist bekanntlich ein Räthsel,
welches schon die Einbildungskraft der Alten in
Bewegung setzte. Galen, Vesal u. A. hielten ihn
für eine Art Schwamm, welcher die Secrete der
Schädelorgane aufzusaugen bestimmt sei; Andere
erklärten ihn für eine Drüse, welche einer pro-
blematischen Secretion vorstehe. Eine dritte Ansicht stellte ihn als ein Absonderungsorgan der
Cerebrospinalflüssigkeit und zugleich als Drüse dar.

Nach Diemerbroeck liefert der Gehirnanhang ein
Secret, welches die Gehirnventrikel mit ihrem serö-
sen Inhalte versorgt.

Willis und Vieussens vereinigen beide Ansichten, sowohl die, welche das Organ für eine Drüse
erklärt, als die, welche ein Aufsaugungsorgan in
ihm erblickt. Es soll die von ihm aufgesogenen
Secrete durch unmittelbare Communicationswege
den nächstgelegenen Sinus der Dura mater über-

geben, aus denen sie in den venösen Kreislauf gelangen.

Für sonderbar erklärte man die Vermuthung Tiedemanns, welcher, nachdem er Verbindungen dieses Organs mit sympathischen Fäden und Ganglien bemerkt hatte, daraus schloss, der Gehirnanhang stelle nichts anders als ein Ganglion des sympathischen Systems dar.

Allein zur Construction einer secernirenden Drüse gehört ein System von Abflusskanälen, welche dem Gehirnanhang fehlen. Dieser Mangel hätte hinreichend scheinen sollen, um die Illusionen über die drüsichte Natur des Gebildes, mit denen man sich so manches Jahrhundert hindurch schleppte, zu zerstreuen. Die geschlossenen Drüsenbälge des Darmcanales, welchen man ein nach Aussen abzusetzendes Product zuschrieb, dürfen nicht zur Herstellung einer Analogie benutzt werden, weil die ihnen zugeschriebene Function noch nicht so ganz über allen Zweifel erhaben ist; in der That fängt man neuerdings an, sie für Lymphdrüschen zu erklären.

Bei Betrachtung des Inhaltes des Gehirnanhangs unter dem Mikroskop erkannte ich als seine Elemente granulirte Kerne mit Kernkörperchen, welche den freien Kernen im Gehirn und Rückenmark äusserst ähnlich sehen. Nur sind sie ein wenig stärker pigmentirt. Diese Kerne füllen das ganze

Organ vollständig an, und lassen ausser Blutgefässen keine andern Bestandtheile neben sich erkennen.

Beim Menschen ist die Structur der Hypophysis complicirter. Von ihr sagt Henle *: „Sie enthält nirgends Nervenfasern; in ihrem vordern grössern Theil finden sich Kerne und die gewöhnlichen, etwas grobkörnigen Zellen mit hellem Kern, welcher 1—3 Kernkörperchen einschliesst; die hintere, kleinere Hälfte des Hirnanhangs besteht aus sehr grossen, weichen Zellen von unregelmässiger Gestalt, von welchen oft zwei durch eine Commissur verbunden sind, viele in blosse Verlängerungen ausgehen."

Der Mangel an Fasern ist es besonders, welcher Bedenken erregt, sie mit den Ganglienknoten in eine Kategorie zu stellen, und der Ansicht Tiedemanns beizutreten, die sonst manches für sich hätte.

Auch hier ist es wieder die vergleichende Anatomie, welche uns die besten Hülfsmittel an die Hand geben wird, um unsere Ansichten zu vervollkommnen. Sie wird uns weiter fördern als theoretisches Nachdenken. Nicht genug kann man an den Ausspruch Baco's erinnern:

Non est fingendum et excogitandum sed inveniendum, quod natura faciat aut ferat.

* Jahresbericht von Canstatt und Eisenmann vom Jahr 1844, Art. Leistungen in der Histologie, S. 29.

Erklärung der Tafel.

Sämmtliche Abbildungen sind schematisch, bei einer mässigen Vergrösserung, entworfen, um eine bessere Uebersicht des Gegenstandes zu erzielen ; dabei wurden aber die Ergebnisse an schwierigen Stellen Schritt für Schritt vermittelst einer verstärkten Vergrösserung controllirt.

Fig. 1.

Längliches Stückchen aus dem Körpertheile des Rückenmarkes, der hintern Peripherie entnommen. Es enthält die hintere linke Seitenhälfte. Die darin enthaltenen longitudinalen Fasern werden durch zahlreiche Querfasern durchschnitten. Letztere liegen in der Tiefe und reichen aus einer Seitenhälfte in die andere hinein.

A. Centralcanal des Rückenmarkes. Er enthält massenhaft ausgetretene Blutkugeln.

B. Ein kleiner Rest der rechten Rückenmarkshälfte. Bei der Präparation reichte die Schnittführung in den rechten vordern Strang hinein, woraus sich die, im Verhältniss zu dem übrigen Theile dunklere Färbung erklärt.

C. Hinterer Theil der linken Rückenmarkshälfte, hinterer und Seitenstrang.

D. Eine sensible Nervenwurzel, welche den hintern Strang an seiner Gränze gegen den Seitenstrang betritt, und in jenem endet. Die Form des Endstückes ist gerundet.

Fig. 2.

Längliches Stück aus dem vordern Theile der linken Seitenhälfte, mit dem vordern Strang und einem Theile des Seitenstranges. Die darin enthaltenen Längsfasern sind von dunklerm Aussehen, als die entsprechenden in Fig. 1, und fallen zum grössern

Theile in die Kategorie der groben Nervenfasern. Die Querfasern sind weniger sichtbar als in Fig. 1.

A. Centralcanal des Rückenmarkes.

B. Vorderer Theil der linken Seitenhälfte, mit seinen longitudinalen und transversalen Fasern.

C. Ein kleiner Theil der rechten Seitenhälfte.

D. Eine motorische Nervenwurzel. Sie liegt oberflächlicher als D in Fig. 1, zieht in mehr longitudinaler Richtung nach oben und endet im vordern Strang, nahe bei der Mittelfurche. Ihr Ende besitzt eine breite Form.

Fig. 3.

Ein dünnes Querscheibchen aus dem Körpertheile des Rückenmarks. Der äussere Ring von radienförmig gegen das Centrum hingerichteten Fasern stellt die weisse Substanz dar, deren Fasern sich in Folge der angewandten Compression um ihre Querachse gedreht haben.

A. Centralcanal.

B. Vordere Längsfurche.

CC. Fasern der vordern Stränge.

DD. Fasern der beiden Hinterstränge, getrennt durch die hintere Längsfurche. Letztere stösst unmittelbar an die graue Substanz F.

EE. Horizontale Faserbündel, welche jederseits aus dem vordern Strange C hervorkommen, sich im Grunde der vordern Längsfurche, in der vordern weissen Commissur, durchkreuzen, dann an der Peripherie der grauen Substanz nach hinten ziehen und bei den hintern Strängen enden. Die Fasern sind fein und von gleichmässigem Caliber.

Fig. 4.

Faserverlauf im Kleinhirn.

AA. Die von beiden Seiten ins Kleinhirn einziehenden Fasern der hintern Rückenmarkssträge und der Brückenfaserschicht.

B. Endigungsweise der Fasern im Innern des Organs, in büschelförmigen Gruppen Die von den entgegengesetzten Seiten herkommenden Büschel enden theils, ehe sie sich berühren, theils ziehen sie noch eine Strecke weit bei einander vorbei, um ebenfalls getrennt zu enden. Mit ihnen gemengt zeigen sich die Elemente der grauen Substanz in unregelmässiger Vertheilung.

Fig. 5.

Ansicht der rechten Hälfte der Vierhügelmasse, von Innen.

A. Die centrale Cavität.

B. Ein Faserbündel, welches in dem Organe selbst entspringt und nach unten zum Sehnerven zieht.

C. Rückenmarksfasern, welche in die Vierhügelmasse eintreten.

D. Die Rinde des Organs, vorzüglich aus grauer Substanz bestehend.

Fig. 6.

Längsschnitt durch den rechten Lappen der Vierhügelmasse. Ansicht des äussern Stückes.

A. Lateralhöhle.

B. Ein im Vierhügel entspringendes Faserbündel, welches ebenfalls an der Bildung des Sehnerven Theil zu nehmen scheint.

C. Aus dem Rückenmark herstammende Fasern, welche man deutlich bei

D. auf die früher beschriebene Weise enden sieht.

E. Die Rindensubstanz der Vierhügelmasse.

Fig. 7.

Ansicht einer durch einen Längsschnitt erhaltenen Seitenhälfte des Gehirns, welche ein deutliches Schema des optischen Fasersystems liefert. Die bei A sichtbare Endstelle des Rückenmarks lässt ihre Fasern theils bogenförmig rückwärts ziehen, um alsdann zum Kleinhirn zu gelangen, theils sendet sie dieselben nach vorn zu den verschiedenen Theilen des grossen Gehirns. Der Verlauf dieser Fasern zu den Vier- und Sehhügeln ist hier nicht ausgeführt, um das Bild nicht zu überladen.

A. Medulla oblongata.

B. Der erste Faserzug zum Sehnerven, welcher im Vierhügel entspringt.

C. Der zweite aus dem Vierhügel zum Sehnerven ziehende Faserzug.

D. Die Fasern, welche der Sehnerve aus dem Sehhügel bezieht.

E. Rückenmarksfasern, welche bis zu den Hemisphären des Grosshirns gelangen, daselbst feiner werden und enden.

F. Berührungsstelle beider Sehnerven, dem Chiasma letzterer bei höhern Thieren entsprechend.

G. Tuber cinereum und Glandula pituitaria.

H. Rindensubstanz der Vierhügelmasse, welche bei

K. deren Cavität einschliesst.

J. Basis der Grosshirnhemisphäre.

Fig. 8.

Querdurchschnitt durch die Basis der Grosshirnlappen, dicht beim Chiasma nervor. optic.

A. Hintere Grosshirncommissur.

DD. Zwei durchschnittene Faserbündel, welche aus dem Rückenmarke stammen. Die Compression hat ihre ursprüngliche Richtung umgeändert. (S. E in Fig 7).

BB. Die Hemisphäre des Grosshirns, meist aus grauer Substanz bestehend.

CC. Die beiden Seitenventrikel.